大气环境质量与经济系统耦合核算方法与应用研究

张　静　吴文俊　高月明　薛英岚　蒋洪强　著

中国环境出版集团·北京

图书在版编目（CIP）数据

大气环境质量与经济系统耦合核算方法与应用研究 / 张静等著. - 北京 : 中国环境出版集团, 2024.6

ISBN 978-7-5111-5236-7

Ⅰ. ①大… Ⅱ. ①张… Ⅲ. ①大气环境—环境质量—环境经济—经济核算—研究 Ⅳ. ①X196

中国版本图书馆 CIP 数据核字（2022）第 146817 号

策划编辑 葛　莉
责任编辑 王　洋
封面设计 宋　瑞

出版发行 中国环境出版集团
（100062　北京市东城区广渠门内大街 16 号）
网　　址：http://www.cesp.com.cn
电子邮箱：bjgl@cesp.com.cn
联系电话：010-67112765（编辑管理部）
发行热线：010-67125803，010-67113405（传真）
印　　刷 北京鑫益晖印刷有限公司
经　　销 各地新华书店
版　　次 2024 年 6 月第 1 版
印　　次 2024 年 6 月第 1 次印刷
开　　本 787×960　1/16
印　　张 9.5
字　　数 120 千字
定　　价 56.00 元

前 言

党中央、国务院高度重视大气污染防治工作。党的十九大报告中明确提出了“加快生态文明体制改革，建设美丽中国”的战略目标和要求。随着2035年全面建设社会主义现代化国家、生态环境质量根本性好转、美丽中国目标基本实现等重要节点的临近，在这一目标蓝图指引下，大气环境治理与改善被赋予了新的历史使命，已成为实现美丽中国建设目标的关键组成部分，必须更加科学、前瞻地研究大气环境与经济社会相关关系，帮助政策制定者理解不同大气环境目标、政策、措施对经济系统的影响，从而制定更加科学、有效的环境政策和法规，为实现大气环境质量的持续改善和美丽中国建设目标，也为促进经济社会增长与大气环境保护相协调提供重要决策支撑。

为全面把握大气污染对经济系统的影响，满足国家和人民对大气环境质量的“新期待”，我们需要深入贯彻落实习近平生态文明思想，加强科学政策支持，深刻理解大气环境质量与经济系统的耦合关系，对大气污染防治策略进行持续优化。基于此，本书构建了基于大气环境质量的环境经济核算体系，对未来实现环境质量目标的大气环境成本进行了全面预测核算。从重大政策和具体措施两个层面，选取典型案例，采取耦合核算技术方法核算政策的费用和效益，评估政策实施的经济影响，以期为大气环境政策的制定提供科学的决策参考。

本书共分为4章。第1章介绍讨论了本书的研究背景，提出大气环境质量与经济系统耦合核算的重要意义。第2章对耦合核算技术方法进行了介绍，包括成本核算、健康效益核算、其他效益核算、公众幸福感效益核算、经济社会影响测算等方法。第3章构建了污染程度与损失成本间的响应关系，基于全国大气污染物空间分布和不同区域大气损害对象的规模和分布，建立了基于大气环境质量的环境经济核算体系。根据建设美丽中国对2035年空气质量全面达标的要求，对未来实现环境质量目标的大气污染损失成本和治理成本进行了全面预测核算。第4章介绍了一个大气环境政策费用效益分析案例，构建了一个适用于中国的大气环境费用效益分析思路，从《大气污染防治行动计划》（以下简称“大气十条”）产业结构与布局调整、能源清洁利用、工业污染治理、锅炉改造与治理、面源污染治理、机动车污染治理、监管能力建设等方面，对全国各省（区、市）在2013—2017年的实施费用和效益进行评估分析，以为我国制定大气环境政策具体实施提供参考意义。

在本书的撰写过程中得到了生态环境部综合司、大气司以及生态环境部环境规划院领导的支持。本书由生态环境部环境规划院蒋洪强副总工程师提出框架和撰写方案，指导笔者完成各章节内容撰写，由吴文俊研究员、张静副研究员负责统稿与整体修改把关，通过多次修改、讨论、完善并最终定稿。本书主要由生态环境部环境规划院国家环境规划与政策模拟重点实验室相关研究人员撰写完成。第1章由吴文俊、高月明负责研究撰写，第2章由张静、张伟、马国霞、刘苗苗、胡溪、卢亚灵、蒋洪强、高月明等负责研究撰写，第3章由吴文俊、薛英岚、张静等负责研究撰写，第4章由张静、蒋洪强、张伟、马国霞、王彦超、卢亚灵、胡溪、周佳、彭菲、刘苗苗、高月明等负责研究撰写。在此，对关心和支持本书出版的各位领导、专家和研究人员一并表示衷心感谢！由于编者水平有限，书中难免存在错误或不适之处，敬请读者批评指正。

编　者

2024年6月

目　录

1 研究背景

近几十年中，我国经济的迅猛增长以及城市化与工业化的快速推进，带来了极大的环境挑战，特别是一些粗放型产业的扩张已导致严重的系列环境污染问题，如二氧化硫、颗粒物等大气污染物的大量排放，不仅对生态环境造成了破坏，也对经济社会造成了重大损失。具体而言，环境污染已经对居民健康、农业生产、城市建筑等造成了显著的负面影响，并且导致了巨大的经济损失，根据中国社会科学院的研究报告，1995 年我国大气污染导致的经济损失高达 301.88 亿元，其中总悬浮颗粒物引起的健康损失达 171 亿元，而酸雨造成的损失则为 130 亿元；亚洲开发银行 2012 年的一项评估指出，如果我国城市地区的大气环境质量能够达到《环境空气质量标准》（GB 3095—2012）二级浓度限值，每年可避免约 17 800 人过早死亡。

自“十二五”时期以来，我国政府显著提高了对大气环境污染治理的重视程度。2013 年，国务院颁布了“大气十条”，旨在通过五年的努力实现全国空气质量的总体改善，并显著减少重污染天气的发生，以及实现京津冀、长三角、珠三角等区域空气质量的明显好转。“大气十条”特别指出“到 2017 年，全国地级及以上城市可吸入颗粒物（PM_{10}）浓度比 2012 年下降 10%以上，优良天数逐年提高；京津冀、长三角、珠三角等区域细颗粒物（$PM_{2.5}$）浓度分别下降 25%、20%、15%左右，其中北京市细颗粒物年均浓度控制在 60 μg/m^3 左右”的阶段性目标。2018 年，在“大气十条”圆满收官之际，我国又发布了《打赢蓝天保卫战三年行动计划》（以下简称“蓝天行动”），“蓝天行动”明确进一步明显降低细颗粒物浓度和明显减少重污染天数的目标，并从产业结构、能源结构、运输结构、用地结构等四大方面提出了具体的调整措施，同时强调了专项治污行动和法律、资金保障的重要性。随着这些政策的实施，我国对大气环境治理的投入也在不断增加。据“蓝天行动”的费用评估，2018—2020 年，我国大气污染治理的总投资达到 9 462.7 亿元。在上述政策和措施的推动下，我国大气污染的恶化趋势得到了有效的遏制，空气质量得到显著的提升。我国在大气污染治理方面已经取得了阶段性的重要成果，空气质量的显著改善不仅对公共健康产生了积极影响，也有效地降低了大气污染引起的经济社会损失。

党的十九大报告中明确提出了“加快生态文明体制改革，建设美丽中国”的战略目标和要求，随着 2035 年全面建设社会主义现代化国家、生态环境质量根本性好转、美丽中国目标基本实现等重要节点的临近，在这一目标蓝图指引下，大气环境治理与改善被赋予了新的历史使命，已成为实现美丽中国建设目标的关键组成部分。根据“2035 年美丽中国建设目标及路径机制研究”①，到 2035 年，我国大气环境质量将分区域、分阶段实现全面达标，其中，京津冀区域预计在 2035 年前实现空气质量的全面达标；2035 年全国城市都将全面达标；全国大气环境质量的平均值基本达到世界卫生组织（WHO）第二阶段目标，即 $PM_{2.5}$ 年平均浓度达到 25 μg/m^3。此外，部分重点区域，如珠三角地区和海西经济区等，预计达到更为严格的 WHO 第三阶段标准，即 $PM_{2.5}$ 年平均浓度达到 15 μg/m^3。这些目标不仅体现了我国对大气环境保护和生态文明建设的坚定承诺，也反映了我国在大气污染防治方面的决心和信心，而实现这些目标则需要持续的、科学的政策支持，亟须了解大气污染对经济系统的影响，通过大气环境质量与经济系统耦合核算，帮助政策制定者理解不同经济活动对大气环境的影响，预测未来趋势，从而制定更加科学、有效的环境政策和法规，为实现大气环境质量的持续改善和美丽中国建设目标、促进经济社会增长与大气环境保护相协调提供重要决策支撑。

本书首先对耦合核算技术方法进行了介绍；其次对基于大气环境质量的环境经济核算体系进行构建，核算过去和未来大气污染物的损失成本和治理成本，提出环境经济核算体系对应的保障制度；最后从重大政策和具体措施

---

① 万军，王金南，李新，等. 2035 年美丽中国建设目标及路径机制研究[J]. 中国环境管理，2021（5）：29-36.

两个层面，选取“大气十条”政策措施，采用耦合核算技术方法，对政策落实的费用、环境质量的改善效益和健康效益等进行核算，评估政策实施的经济影响，并提出了政策建议，可以为下一步我国制定大气环境政策的可行性研判提供借鉴。

2 耦合核算技术方法

2.1 成本核算方法

2.1.1 成本核算范围

成本核算的主要内容包括采用这项环境政策带来的末端治理措施的投资、运行成本；中间采取措施的技术改造成本；结构调整成本（企业关停或搬迁时资本损失的利润），企业减少的环境税费，公众增加的各项损失等；政府增加的管控成本、补贴成本等。

（1）基建投资：包括废物治理、收集、循环、处置及预防等的构筑物或设备的安装、改装等的支出，还包括设备装置安装启动的支出等，例如，购买环保设备、材料、场地整理、设计、安装等，相当于固定成本。在费用效益分析中，固定成本可随设备使用寿命进行年度折旧分析。

（2）运行成本：通常是与原料、水及能源、维护、供给、人工、废弃物处理、运输、管理控制、储存、处置有关的支出及其他费用。而生产率的提高、副产品或废弃物的出售及重复利用、环境税费的减少等所获得的收入可以部分补偿运行支出，相当于变化成本。

环境政策实施的费用指标见表 2-1。

表 2-1 环境政策实施的费用指标

费用主体	细化指标
政府	环境监管能力建设投入 环境监测费用 环境治理工程投入 ……
企业	企业关停或减产的损失 更新改造生产技术的成本 新增或更新污染物处理设施的投资 污染物处理设施运行成本 ……
公众	增加的出行费用 增加的购买支出 ……

2.1.2 成本测算方法

（1）系数法

大气环境政策实施的费用测算可从全社会整个系统的角度来考虑，既有政府的投入，也有企业和公众的投入，措施的费用计算可采用系数法（表 2-2）。

表 2-2 大气环境政策实施的费用测算方法

一级政策措施	二级政策措施	测算范围界定	测算方法
调整优化产业结构	淘汰落后产能	淘汰落后产能的政府补助费用	某行业淘汰或压减产能产值=淘汰产能量×产能利用率×产品价格 淘汰或压减产能的政府补贴=总产值×补贴系数
	“散、乱、污”企业治理升级改造	“散、乱、污”企业的升级改造所需增加的投资和运行费用	某区域“散、乱、污”企业改造投入=Σ某区域不同类型单个“散、乱、污”企业改造投入×不同类型“散、乱、污”企业数量

一级政策措施	二级政策措施	测算范围界定	测算方法
调整能源结构	燃煤“双替代”	居民“煤改气”“煤改电”成本，主要包括采暖设备投资费用、基础设施建设投资和年运行费用补贴	“煤改气”成本=改造户数×（单位燃气锅炉成本+单位户数燃气管道改造成本+政府补贴成本）； “煤改电”成本=改造户数×（单位电锅炉成本+政府补贴成本）
	燃煤小锅炉	淘汰燃煤小锅炉成本	淘汰燃煤小锅炉成本=燃煤小锅炉的容量×单位投资成本
	燃煤小火电	淘汰燃煤小火电成本	淘汰燃煤小火电成本=小火电的机组装机容量×单位投资成本
调整交通运输结构	黄标车、老旧车淘汰	黄标车、老旧车淘汰补贴成本	黄标车、老旧车淘汰补贴成本=黄标车、老旧车淘汰数量×黄标车、老旧车淘汰补贴标准
	新能源汽车推广	新能源汽车推广补贴成本	新能源汽车推广补贴成本=新能源汽车推广数量×新能源汽车推广所产生的大气污染防治成本
	油品质量升级	油品质量升级增加的成本	油品质量升级增加的成本=汽、柴油消费量×车用汽、柴油占比×每吨汽、柴油增加的成本
	排放标准提升	新车由国五排放标准升级为国六排放标准的成本	排放标准提升增加的成本=轻、重型汽油车/重型柴油车新车销售量×每辆轻、重型汽油车/重型柴油车增加的成本
	柴油货车深度治理改造	对价值较高、车况较好的国三重型柴油货车进行深度治理改造的成本	柴油货车深度治理改造的成本=柴油货车改造量×每辆柴油货车改造成本
	岸电建设	包括沿海主要港口泊位改造成本、新的港口码头和机场岸电设施建设成本、船舶受电设施改造成本等。新的港口码头和机场岸电设施建设成本不好估计时，不计入在内	岸电建设成本=主要港口泊位改造成本+船舶受电设施改造成本； 主要港口泊位改造成本=内贸泊位×每个内贸泊位改造成本+外贸泊位×每个外贸泊位改造成本； 船舶受电设施改造成本=受电设施改造船舶数×每个船舶改造成本

一级政策措施	二级政策措施	测算范围界定	测算方法
扬尘污染治理	施工扬尘监管	包括设置封闭式围挡、出入口冲洗平台、杜绝混凝土砂浆现场搅拌、物料堆放和装卸实施封闭或覆盖、开展数据监测和视频监控等设备的购置等成本	施工工地扬尘治理成本=堆场治理成本×堆场数量+单个工地设备购置成本×工地数量
	道路扬尘整治	主要是各地政府提高道路机械化清扫水平而购置的环卫专用车辆以及运维成本，包括机械化设备购置成本、日常清扫成本	机械化设备购置成本=机械化设备单价×购置数量； 日常清扫成本=单位面积清扫费用×道路面积×清扫率
	秸秆禁烧	主要包括政府农业支持保护补贴、监控设备购置（无人机、互联网+高架视频监控系统等）成本、秸秆资源化利用设施建设成本（秸秆收储点、收储中心、沼气池等）	秸秆禁烧成本=农业支持保护补贴成本+秸秆资源化利用设施建设成本+监控设备单价×购置数量
工业污染治理	重点行业污染治理	包括电力行业超低排放及达标排放改造，钢铁行业超低排放改造，水泥行业提标改造，以及电力行业、建材行业、有色金属冶炼行业和燃煤锅炉无组织排放治理等成本	行业各项治理设施成本=新建治理设施的容量×单位投资成本×使用年限÷折旧年限； 无组织排放治理成本为采取半封闭、防风网等措施的治理投资
	工业窑炉专项治理	有色金属冶炼行业窑炉升级改造、建材行业窑炉升级改造产生的成本	治理设施成本=改造数量×单位成本×使用年限÷折旧年限
	挥发性有机物专项治理	石化行业 VOCs 达标排放治理以及化工、工业涂装、包装印刷和其他（电子、制鞋、纺织印染、木材加工等）行业 VOCs 综合治理的投入	总投资=单位污染物减排量治理投入×减排量
监测和监控体系建设	监测和监控体系建设	计算空气质量监测、VOCs 排放重点源自动监控体系建设、科技支撑、执法督查等成本	利用经验与系数法测算

（2）虚拟治理成本法

根据《环境损害鉴定评估推荐方法（第Ⅱ版）》（环办〔2014〕90 号）和《突发环境事件应急处置阶段环境损害评估推荐方法》（环办〔2014〕118 号）等技术文件的规定，虚拟治理成本法属于环境价值评估方法之一。该方法在目前的环境损害鉴定评估实践中得到了较广泛的应用。

虚拟治理成本是按照现行的治理技术和水平排放到环境中的污染物所需要的支出，是指工业企业或污水处理厂治理等量的排放到环境中的污染物应该花费的成本，即污染物排放量与单位污染物虚拟治理成本的乘积。单位污染物虚拟治理成本是指突发环境事件发生地的工业企业或污水处理厂单位污染物治理平均成本（含固定资产折旧）。

2.2 健康效益核算方法

大气环境质量改善的健康效益是判断大气环境污染治理成效的重要手段。目前，我国大气环境质量整体还处于对人体健康等方面有环境退化损失的阶段，因此，大气环境质量改善的健康效益通过大气环境污染损失减少进行核算。大气环境退化损失核算是进行大气环境质量改善健康效益核算的基础。当年大气环境质量改善的环境效益通过上年大气环境质量下的环境退化损失减去当年大气环境质量下的环境退化损失得到。如果结果为正，说明大气环境质量改善了，并有一定的环境效益。如果结果为负，说明大气环境质量没有改善，环境退化损失程度加剧。

根据环境健康价值评估理论，控制大气污染物所带来的健康效益的评估思路通常分为两个步骤，一是分析并估算大气污染物浓度降低带来的个体健康终端的健康效应变化（环境健康风险评估），二是对该健康效应进行货币化评估（环境健康价值评估），计算健康改善带来的经济效益。

於方等（2009）在美国癌症协会以及徐肇翊等的研究基础上，构建了健康效应与污染物浓度的关系，以大气污染导致的心血管疾病和呼吸道疾病的过早死亡人数作为大气污染健康结局。

健康效益评估思路如图 2-1 所示。

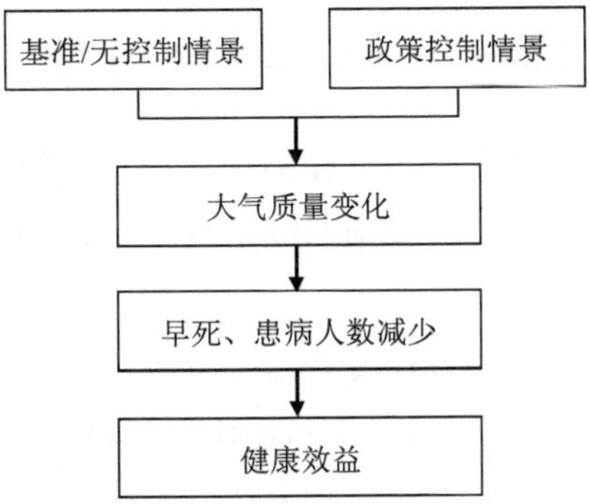

图 2-1　健康效益评估思路

健康效应与污染物浓度关系计算公式如下：

$$\mathrm{RR}=\left[(C+1)/(C_0+1)\right]^{0.075\ 723}$$

式中，C —— 某种大气污染物的当前浓度水平，μg/m^3；

C_0 —— 基线（清洁）浓度水平，μg/m^3；

RR —— 大气污染条件下人群健康效应的相对危险度，量纲一。

大气污染健康危害物理量和经济损失由 3 部分组成：一是大气污染造成的全死因过早死亡人数和死亡经济损失（$\mathrm{EC_{a1}}$），经济损失可利用人力资本法和支付意愿法两种方法进行评价；二是大气污染造成的呼吸系统和心血管疾病病人的住院增加人次和休工天数及其经济损失（$\mathrm{EC_{a2}}$），经济损失利用疾病成本法进行评价；三是大气污染造成的慢性支气管炎的新发病人数及其经济损失（$\mathrm{EC_{a3}}$），经济损失利用患病失能法进行评价。

（1）大气污染造成的全死因过早死亡经济损失（$\mathrm{EC_{a1}}$）

评估大气污染损失时，根据某一地区的大气环境污染水平、健康危害终端和剂量-反应函数，先求出该地区的健康结局基准值，大气污染对健康的危害即扣除了健康结局基准值后的数值。

$$P_{\mathrm{ed}}=10^{-5}(f_p-f_t)P_e\ \ f_p=f_t\cdot\mathrm{RR}$$

$$P_{\mathrm{ed}}=10^{-5}\cdot[(\mathrm{RR}-1)/\mathrm{RR}]f_pP_e$$

$$\mathrm{EC_{a1}} = P_{\mathrm{ed}} \cdot \mathrm{HC_{mu}} = P_{\mathrm{ed}} \cdot \sum_{i=1}^{t} \mathrm{GDP}_{pci}^{pv}$$

式中，P_{ed}—— 现状大气污染水平下全死因过早死亡人数，万人；

f_p—— 现状大气污染水平下全死因死亡率，1/10 万（数据来自中国卫生健康统计年鉴）；

f_t—— 清洁浓度水平下全死因死亡率（基准值），1/10 万；

P_e—— 暴露人口，万人（数据来自中国城市统计年鉴）；

RR —— 大气污染引起的全死因死亡相对危险归因比；

t—— 大气污染引起的全死因早死的平均损失寿命年数，根据分年龄组的与大气污染相关疾病的死亡率，得到平均损失寿命年数为 18 年；

$\mathrm{HC_{mu}}$—— 人口的人均人力资本，万元/人；

GDP_{pci}^{pv} —— 第 i 年的城市人均 GDP，万元/人（数据来自中国城市统计年鉴）；

$\mathrm{EC_{a1}}$—— 大气污染造成的全死因过早死亡经济损失，万元。

（2）大气污染造成的相关疾病的住院经济损失（$\mathrm{EC_{a2}}$）

$$P_{\mathrm{eh}} = \sum_{i=1}^{n} (f_{pi} - f_{ti})$$

$$f_{ti} = \frac{f_{pi}}{1 + \Delta c_i \cdot \beta_i / 100}$$

$$P_{\mathrm{eh}} = \sum_{i=1}^{n} f_{pi} \frac{\Delta c_i \cdot \beta_i / 100}{1 + \Delta c_i \cdot \beta_i / 100}$$

$$\mathrm{EC_{a2}} = P_{\mathrm{eh}} \left(C_h + \mathrm{WD} \cdot C_{\mathrm{wd}} \right)$$

式中，P_{eh}—— 现状大气污染水平下造成的相关疾病住院人数，万人；

n—— 大气污染相关疾病，呼吸系统疾病和心血管疾病；

f_{pi}—— 现状大气污染水平下的住院人次，万人（中国卫生健良统计年鉴）；

f_{ti}—— 清洁浓度水平下的住院人次，万人；

β_i—— 回归系数，即单位污染物浓度变化引起健康危害 i 变化的百分数，%；

Δc_i—— 实际污染物浓度与健康危害污染物浓度阈值之差，$\mathrm{g/m^3}$；

$\mathrm{EC_{a2}}$—— 大气污染造成的相关疾病住院和休工经济损失，万元；

C_h—— 疾病住院成本，包括直接住院成本和交通、营养等间接住院成本，元/人次；

WD —— 疾病休工天数，d；

C_{wd} —— 疾病休工成本，元/d，疾病休工成本＝人均 GDP/365。

（3）大气污染造成慢性支气管炎发病失能的经济损失（EC_{a3}）

慢性支气管炎的经济损失通常以患病失能法来取代一般疾病采用的疾病成本法，相关研究表明，患上慢性支气管炎的失能权重为 40%，即以平均人力资本的 40%作为患病失能损失。

$$EC_{a3} = \gamma \cdot P_{eb} \cdot HC_{mu} = \gamma \cdot P_{eb} \cdot \sum_{i=1}^{t} GDP_{pci}^{pv}$$

式中，t —— 大气污染引起的慢性支气管炎早死的平均损失寿命年数，根据分年龄组的 COPD[①]死亡率，得到慢性支气管炎平均损失寿命年数为 23 年；

γ —— 慢性支气管炎失能损失系数，0.4。

2.3 其他效益核算方法

大气环境质量改善引起的其他效益主要包括避免种植业减产损失、避免室外建筑材料腐蚀损失和避免清洁成本减少损失等三部分，种植业减产损失、室外建筑材料腐蚀损失和清洁成本减少损失根据《中国环境经济核算技术指南》核算方法，采用目标年的大气污染造成的损失减去基准年的大气污染造成的损失计算得到。

2.3.1 种植业减产损失核算

环境质量是种植业生产的重要生产要素，环境质量的恶化将导致种植业减产，种植业减产的经济价值可以用市场价值法来计量，以此作为环境质量恶化造成的种植业经济损失。酸雨和二氧化硫（SO_2）污染对种植业的终端危害主要是相对于清洁对照区，污染区各种种植业的减产百分数。计算方法如下：

$$C_{ac} = \sum_{i=1}^{n} a_i P_i S_i Q_{0i} / 100$$

① 卫生服务调查中只有分年龄组的 COPD 死亡率，这里以 COPD 死亡率代替慢性支气管炎的死亡率。

式中，C_{ac}—— 大气污染引起农作物减产的经济损失，万元；

P_i—— 农作物 i 的市场价格，元/kg；

S_i—— 农作物 i 的种植面积，万 hm^2；

Q_{0i}—— 对照清洁区农作物 i 的单位面积产量，kg/hm^2；

a_i—— 大气污染引起农作物 i 减产的百分数（剂量-反应关系），%；

n—— 农作物种类，n 取 1～6，1 代表水稻，2 代表小麦，3 代表大豆，4 代表棉花，5 代表油菜，6 代表蔬菜。

2.3.2 室外建筑材料腐蚀损失核算

暴露在户外大气中的各种材料受到自然和大气污染两类因素的影响。自然因素如日光、风雨、气温等因素对材料造成的破坏是不可避免的。这部分损失值通常称为背景值。大气污染因素如酸雨和 SO_2 等进一步加剧了材料的损坏。这里界定为大气酸雨和 SO_2 两种污染因素对材料造成的经济损失。

暴露在户外的材料种类繁多，且不断增加和变化。这里只包括量大面广且已有剂量-反应函数可利用的那些材料。这些材料包括建筑材料、交通工具、文物古迹等，其中文物古迹属于历史遗迹，文物古迹的损失计算涉及估值的问题较多，因此，本书主要考虑建筑物的损失。污染对建筑物和材料的损害包括褪色、保护涂层脱落、刻纹细节的损失和结构缺陷，影响材料的使用寿命，其损失计算的终端危害为污染条件下材料寿命的减少年数。酸雨和 SO_2 对材料损害阈值分别取：pH 为 5.6，即 H^+浓度为 $10^{-5.6}$ mol/L；SO_2 浓度为 0.015 mg/m^3。

（1）计算一次维修或更换的总费用

首先通过调查，获得材料统计清单，得到各种材料的总存量及其分布、维修频率或更换频率及其费用。通过计算可以得到各种材料一次维修或更换的单价。单价乘以存量得到总费用。计算公式为

$$EC_{m0i} = d_i \cdot S_i$$

式中，EC_{m0i}——第 i 种材料一次维修或更换的费用，万元；

d_i—— 材料 i 一次维修或更换的单价，万元/万 m^2；

S_i—— 材料 i 的存量，万 m^2。

（2）计算材料的临界损伤阈值

计算公式为

$$\mathrm{CDL}_i = Y_{\mathrm{pa}i} \cdot L_{\mathrm{pa}i}$$

式中，CDL_i——第 i 种材料的临界损伤阈值，μm；

$Y_{\mathrm{pa}i}$—— 材料 i 调查条件下的腐蚀速度，μm/a，从剂量-反应关系中获得；

$L_{\mathrm{pa}i}$—— 材料 i 调查获得的材料经验寿命，a。

（3）计算对照清洁区的材料寿命

计算公式为

$$L_{0i} = \mathrm{CDL}_i / Y_{0i}$$

式中，L_{0i}—— 对照清洁区第 i 种材料的寿命，a；

Y_{0i}—— 对照清洁区第 i 种材料的腐蚀速度，μm/a。

（4）计算污染条件下的材料寿命

计算公式为

$$L_{pi} = \mathrm{CDL}_i / Y_{pi}$$

式中，L_{pi}—— 污染条件下的第 i 种材料的寿命，a；

Y_{pi}—— 污染条件下的第 i 种材料的腐蚀速度，μm/a。

（5）计算酸雨和 SO_2 污染的材料损失

计算公式为

$$\mathrm{EC}_{mpi} = (1/L_{pi} - 1/L_{0i}) \times \mathrm{EC}_{m0i}$$

$$\mathrm{EC}_m = \sum_i \mathrm{EC}_{mpi}$$

式中，EC_{mpi}—— 酸雨和 SO_2 造成第 i 种材料的经济损失，万元；

EC_m—— 酸雨和 SO_2 造成所有材料的经济损失，万元。

2.3.3 清洁成本减少损失核算

大气污染的一个直接表象是空气变脏，导致与之直接或间接接触的建筑物、生产设备和人们衣物、身体等的脏污速度加快，进而导致所需清洁人力、物力和清洁频率的增加，从而形成大气污染引起的清洁和劳务费用的增加。同时，大气污染也会导致长年暴露于室外的各种基础设施和室外作业设备设施的脏污，包括道路、建筑、车辆等。清洁成本减少损失核算主要针对大气污染造成的车辆、建筑等公共设施清洁和劳务费用的增加。

（1）家庭清洁费用估算

大气污染引起的家庭清洁增加费用是指随着大气中污染物浓度的升高，将会加快人们日常生活（如个人卫生、衣物清洗、居室卫生、洗车等）的脏污速度，导致清洁所需的人力、物力和频率的增加，从而造成家庭清洁费用的增加。家庭清洁费用包括家庭基准清洁增加费用和家庭清洁劳务增加费用，其中家庭基准清洁增加费用包括家用洗衣机电费、清洗用水水费、洗涤剂费用和社会服务费用，家庭清洁劳务增加费用根据下式计算。

$$C_h = H \cdot \mathrm{GDP}_{\mathrm{pc}} \cdot (\alpha - \alpha_0)$$

式中，C_h —— 家庭清洁劳务增加费用，万元；

H —— 城市总户数，万户；

$\mathrm{GDP}_{\mathrm{pc}}$ —— 城市人均 GDP，万元/人；

α —— 清洁费用系数；

α_0 —— 清洁城市清洁费用系数。

（2）公交车辆清洁费用估算

计算公式为

$$C_b = \Delta C_b \cdot Q_b$$

式中，C_b —— 污染城市公交车辆增加的总清洁费用，万元；

ΔC_b —— 污染城市平均每台公交车增加的清洁和劳务费用，元/（台·a）；

Q_b —— 污染城市公交车辆标准运营数量，万台。

（3）出租车辆清洁费用估算

计算公式为

$$C_t = \Delta C_t \cdot Q_t$$

式中，C_t —— 污染城市出租车辆增加的总清洁费用，万元；

ΔC_t —— 污染城市平均每辆出租车增加的清洁和劳务费用，元/（辆·a）；

Q_t —— 污染城市出租车辆标准运营车数，万辆。

（4）道路清扫费用估算

计算公式为

$$C_s = \Delta C_s \cdot L_s$$

式中，C_s —— 污染城市道路增加的总清洁费用，万元；

ΔC_s —— 污染城市单位道路面积平均增加的清洁和劳务费用，元/m^2；

L_s —— 城市道路总面积，万 m^2。

（5）建筑清洁费用估算

计算公式为

$$C_c = \sum_{i=1}^{n} \Delta C_{ci} \cdot S_i$$

式中，C_c —— 污染城市建筑物暴露面积增加的总清洁费用，万元；

ΔC_{ci} —— 污染城市第 i 种材料的单位建筑物暴露面积平均增加的清洁费用，元/m^2；

S_i ——第 i 种建筑材料的暴露面积，万 m^2；

n —— 建筑材料种类，包括玻璃、水泥、砖、铝、塑钢、油漆木材、大理石/花岗岩、陶瓷和马赛克、水磨石以及涂料/油漆灰 10 余种建筑材料。

2.4 公众幸福感效益核算方法

众所周知，大气环境质量改善可增加公众的幸福感，这种幸福感也可转化为货币。根据刘苗苗（2017）等关于幸福感的研究，基于已有文献提出一个假设的概念模型来刻画客观大气污染的污染水平（OAPL）、风险感知水平（PR）与自述幸福感（SWB）之间的复杂关系。假设由于大气污染公众个体的自述幸福感下降可以通过提升收入来补偿，即在自述幸福感上大气污染物浓度的下降与收入水平的提升存在替代关系，那么通过计算二者对自述幸福感的边际替代率即可量化大气污染物浓度改变带来的幸福感损益的货币化价值（WINC）。

（1）估值模型

基于已有文献首先提出一个假设的概念模型来刻画客观大气污染的污染水平（OAPL）、风险感知水平（PR）与自述幸福感（SWB）之间的复杂关系，具体形式的概念函数可用下式表示。

$$\mathrm{SWB}_i=\mathrm{SWB}[\mathrm{OAPL}_i,\mathrm{PR}_i,\mathrm{LR}_i(X_i),\mathrm{HS}_i,X_i]$$

式中，SWB_i —— 被调研者 i 短期的自述幸福感水平，为本书中最主要的应变量；

OAPL_i —— 被调研者 i 参与调研的时间前短期内的客观大气污染水平；

PR_i —— 被调研者 i 长期以来大气污染风险感知水平；

LR_i —— 被调研者 i 长期以来对其日常生活中基本要素的满意度；

HS_i —— 被调研者 i 的生理健康状态变量；

X_i —— 被调研者 i 的个体社会经济特征变量，如性别、年龄、收入、户籍状态、住房所有权。

其中，个体感知的风险水平也受到一系列变量影响，具体的概念函数可用下式表示：

$$\mathrm{PR}_i=\mathrm{PR}[\mathrm{OAPL}_i,\mathrm{EK}_i(X_i),\mathrm{BE}_i(X_i),\mathrm{TR}_i(X_i),X_i,T_i]$$

式中，PR_i —— 被调研者 i 长期以来大气污染风险感知水平；

OAPL_i —— 被调研者 i 参与调研的时间前短期内的客观大气污染水平；

EK_i、BE_i、TR_i —— 分别为被调研者 i 的知识度、收益度、信任度；

X_i—— 被调研者 i 的个体社会经济特征变量；

T_i —— 被调研者 i 参与调研的时间，以探讨公众对大气污染是否存在适应性。

个体的生理健康状态会受到年龄、性别等个体社会经济特征以及其对日常生活中基本要素评价的影响，具体的概念函数可用下式表示：

$$\mathrm{HS}_i=\mathrm{HS}[\mathrm{LR}_i(X_i),X_i]$$

（2）问卷设计及调研

为收集概念模型拟合验证所需的个体自述幸福感及其影响因素的数据，开展问卷调研，问卷的主体内容分为自述幸福感信息、生活基本要素满意度信息、风险感知信息、健康信息和个人基本信息 5 个部分。根据调研的日期记录为受访者匹配其在接受问卷调查前空气质量固定监测站点两周内平均的 SO_2、NO_2、$PM_{2.5}$ 浓度表征大气污染水平。之后，采用项目分析、效度检验、信度检验对问卷中自述幸福感量表、生活基本要素满意度量表、公众风险感知量表进行检验。

（3）实证模型拟合

结合问卷调研搜集的变量数据，本研究细化后形成结构方程模型的路径图。之后，本研究在 STATA 软件中 SEM 模块下采用极大似然法对路径图中的因素负荷和标准回归系数进行估计，并采用近似误差均方根、标准化残差均方根、比较拟合指数、Tucker Lewis 指数作为模型拟合优劣的评价标准。

在得到因素负荷和标准回归系数的估计值后，假设大气污染导致的个体自述幸福感的下降可以通过提升收入来补偿，即在自述幸福感上大气污染物浓度的下降与收入水平的提升存在替代关系，那么通过计算二者对自述幸福感的边际替代率即可量化大气污染物浓度改变带来的幸福感损益的货币化价值（WINC）。由于问卷调查中并未直接询问受访者收入的数值，而是通过将收入水平划分为不同的区间后让受访者选择适合其家庭月收入水平的区间来获取，即 WINC 是一个分类变量而非实际的货币价值，因此需要结合不同 WINC 组对应的实际收入将收入增加比例折算为货币价值。

（4）幸福感估值的省际修正模型

不同收入组人群 $PM_{2.5}$ 年均浓度降低 1 μg/m^3 带来的幸福感收益的货币价值不同；收入水平越高，幸福感收益的货币价值越大。因此，在将基于抽样调查数据得到的估值结果应用于全国归因幸福感收益货币价值评估前，需根据各省（区、市）的收入分布进行修正。对于没有收入分布数据的省份和年份，采用外推法进行估算。

（5）省际 $PM_{2.5}$ 归因幸福感收益评估模型

尽管已有研究以及本研究都未能提供关于阈值的证据，但是 Orru 等（2016）在 PM_{10} 浓度为 8.29（±3.94）μg/m^3 的水平下依然发现了其对幸福感有显著的影响；而我国所有省份的 $PM_{2.5}$ 浓度都处于该污染水平以上，即我国所有省份的 $PM_{2.5}$ 浓度都大于阈值。在此情况下，政策实施期间特定年份相较于前一年 $PM_{2.5}$ 归因幸福感收益货币价值的变化量的计算方法见下式：

$$\mathrm{RMWL}_{\mathrm{PM}_{2.5},i,t}=V_{\mathrm{PM}_{2.5},i,t}\cdot(C_{\mathrm{PM}_{2.5},i,t}-C_{\mathrm{PM}_{2.5},i,t-1})\cdot\mathrm{Pop}_{i,t}$$

式中，$\mathrm{RMWL}_{\mathrm{PM}_{2.5},i,t}$ —— t 年 i 省（区、市）$PM_{2.5}$ 归因幸福感收益总货币价值相较于前一年的变化量，元；

$V_{\mathrm{PM}_{2.5},i,t}$ —— t 年 i 省（区、市）全人群 $PM_{2.5}$ 年均浓度降低 1 μg/m^3 带来的人均幸福感收益的货币价值，元/人；

$\mathrm{Pop}_{i,t}$ —— t 年 i 省（区、市）的人口数，人（由中国统计年鉴获得）；

$C_{\mathrm{PM}_{2.5},i,t}$ 和 $C_{\mathrm{PM}_{2.5},i,t-1}$ —— 分别为政策实施期间 t 年和 t–1 年 i 省（区、市）$PM_{2.5}$ 年均浓度值，μg/m^3。

2.5 经济社会影响测算方法

政策实施的经济社会影响分析是指政策各项措施在实施过程中对宏观经济、产业结构、税收以及就业等方面产生的直接和间接的影响。主要将淘汰和压减产能、治理投入作为测算对象。

2.5.1 淘汰和压减产能的负面影响

淘汰落后产能对经济的影响即是要计算淘汰和压减产能（包括错峰生产）企业当下对 GDP 的影响。产能过剩企业虽然造成了行业产品供给大于需求，但是由于其仍然能够提供就业、上缴税费，其对地方经济仍然具有明显的拉动作用，尤其是钢铁、炼焦、电解铝等资本密集型行业。这也是地方政府为了拉动地方经济，明知行业产能过剩还要“上马”落后产能项目的原因。

淘汰和压减（简称淘压）产能负面影响的计算方法：

淘压产能对产值影响=淘压产能量×产能利用率×产品价格

淘压产能对 GDP 影响=淘压产能产值×行业增加值系数

淘压产能对税收影响=淘压产能产值×行业税收系数

淘压产能对居民收入影响=淘压产能产值×行业居民收入系数

淘压产能对就业影响=淘压产能产值×劳动力占用系数

其中，产能利用率假设为 70%，各行业增加值系数、税收系数、居民收入系数、劳动力占用系数均来源于投入产出表，产品价格采用 2013—2017 年产品出厂价平均数。

2.5.2 治理投入对经济的正面贡献

根据张伟（2018）的研究，“大气十条”的投资对经济社会贡献测算是以投入产出表为基础，建立包含产业内部关联波及效应和居民消费诱发效应的投入产出宏观闭模型，在此基础上测算“大气十条”的投资对 GDP 增长的直接和间接拉动作用，同时根据增加值系数、税收系数、居民收入系数、劳动力占用系数，进一步测算投资对国民经济不同行业其他方面贡献作用。

设定 a_{ij}、x_{ij}、x_i、y_i 分别为直接消耗系数、中间产出列向量、总产出列向量、最终产出列向量，构建投入产出横向平衡关系：

$$\sum_{i=1}^{m} a_{ij} \cdot x_{ij} + y_i = x_i$$

进一步表达为矩阵式：

$$X = (I - A)^{-1} Y$$

上式反映了国民经济最终产出（Y）与总产出（X）的定量关系，其中 A 为直接消耗系数矩阵。当最终产出发生变化（ΔY）时，可得其所引起的国民经济总产出增量（ΔX）：

$$\Delta X = (I - A)^{-1} \Delta Y$$

由于最终产出是由消费、资本形成、出口组成，可将“大气十条”的投资项目分解为固定资产形成和商品服务消费，并按照行业部分归类形成 ΔY_e 列向量。由此可得

$$\Delta X = (I - A)^{-1} \Delta Y_e$$

上式没有考虑最终产出增加引起的居民消费（收入）增加对国民经济各生产部门再次的促进作用和诱发影响，因此进一步构建包含居民消费诱发影响以及扣除诱发影响经济漏损的投入产出宏观闭模型。经济漏损是指居民收入增量由于储

蓄、税收、购买进口品等，不能完全转换为本地的投资和消费。计算时需使用边际消费倾向、边际税收倾向以及最终产品国内满足率等系数对经济漏损扣除：

$$\Delta X=(I-A)^{-1}[I-C(1-t)\hat{h}Fi'\hat{V}(I-A)^{-1}]^{-1}\Delta Y_e$$

式中，$(I-A)^{-1}$ —— 列昂惕夫逆矩阵；

I —— 单位对角矩阵；

C —— 边际消费倾向；

t —— 边际税收倾向；

$\hat{h}$ —— 最终产品国内满足率对角矩阵；

F —— 居民直接消费系数列向量；

i' —— 单位行向量；

$\hat{V}$ —— 劳动报酬系数的对角矩阵。

最终产品国内满足率是指各行业最终产品中由本国生产的产品所占比例（%）；居民直接消费系数是投入产出表中各行业的居民消费占总居民消费的比重（%）；劳动报酬系数是由投入产出表中各行业劳动报酬除以总产出得到的系数。

需要说明的是，本模型所测算的就业人口包括农业就业人口（农民工群体）、个体工商户、自由工作者，以及临时工作人员等在内的全口径统计就业人口，较社保部门统计就业人口范围更加广泛。

3 基于大气环境质量的环境经济核算体系构建与保障制度研究

由于以 GDP 为核心指标的国民经济核算体系无法全面反映环境污染对真实国民福利减少的影响，20 世纪 70 年代，国际学者开始开展基于环境退化成本的绿色国民经济核算体系研究。1993 年，联合国统计署（UNSD）发布《综合环境与经济核算体系》，多个发达国家也相继开展了综合环境经济核算的试点工作。2012 年，UNSD 修订发布《SEEA 2012：中心框架》，成为环境经济核算领域核算的首个国际统计标准。

鉴于大气污染对人体健康和社会生产等造成的巨大危害，有必要基于现状和未来全面达标情景，分别对大气污染造成的损害进行评估和对比分析，并与我国大气污染防治的投入成本进行对比。在量化环境损失的同时，更好地评估我国大气污染治理带来的环境效益、社会效益和经济效益，作为未来我国大气污染防治政策和措施的科学依据和技术支撑。

3.1 分析思路框架

3.1.1 研究范围

时间范围：现状年研究范围为 2013—2019 年，并以 2019 年为基准年，对未来达标年（2035 年）进行对比分析。

空间范围：结合可获得的基础数据，本书研究的空间范围为全国的 31 个省（区、市）（不含香港特别行政区、澳门特别行政区及台湾地区）以及 337 个地级及以上城市（含直辖市、地级市、地区、自治州和盟，莱芜市与济南市合并统计）。

根据数据收集情况，分省和城市尺度测算大气污染对社会经济的损害，以及大气污染治理投入的成本。未来全面达标情景下，在省和城市尺度进行大气污染损失成本核算的基础上，进一步评估京津冀、长三角等重点区域的大气污染损失。

3.1.2 技术路线

技术路线如图 3-1 所示。

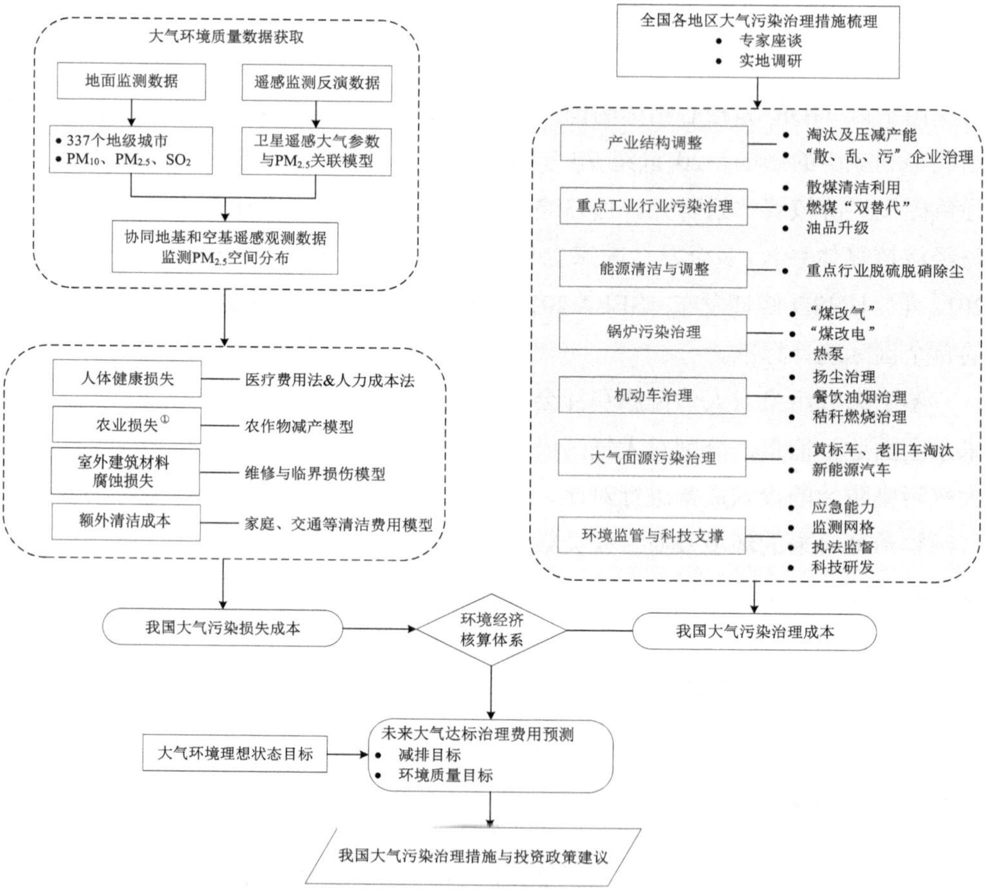

图 3-1 技术路线①

① 本书农业损失是指种植业减产损失。

3.1.3 研究内容

（1）大气污染损失核算

大气污染损失核算分为人体健康损失、种植业减产损失、室外建筑材料腐蚀损失和额外清洁成本 4 部分。首先根据每种损失的污染因子、污染结局、反应关系等建立核算方法体系，再根据数据获取情况，对省和城市尺度现状（2017 年）的大气污染损失进行核算。基于核算结果，对每种污染损害的影响因素、空间特征等进行分析和比较，并汇总得到全国现状大气污染损失的特征，甄别大气污染对社会经济各方面造成损害的特征。

（2）大气环境污染治理成本核算

基于实物成本法测算目前大气环境污染治理成本。首先根据目前污染物处理技术，确定主要污染物单位治理成本。再根据数据获取情况，利用历史年、现状年的污染物排放量、削减量等核算目前大气环境污染治理成本，并以省为单位进行横向对比分析。

（3）基于“全面达标”的大气环境治理成本核算

根据建设美丽中国 2035 年目标提出的空气环境质量分阶段、分区域全面达标要求，基于前两部分建立的大气污染损失和大气污染治理成本核算方法体系，对目标年的大气污染损失与大气环境治理成本进行预测，并与历史年、现状年进行费用、效益对比分析，综合评估全面达标下产生的经济效益、社会效益和环境效益。最后根据分析结果提出相关政策建议。

3.2 大气环境经济价值的核算体系与方法

3.2.1 大气环境经济核算体系框架

基于环境退化成本的环境经济核算，指通过核算排放到环境中的各种污染物对人体健康、农业、生态环境等影响所产生的损失成本，将环境退化的外部成本纳入国民经济核算体系中。根据本研究的背景和目的，以大气污染损失成本为核算对象，具体包括人体健康损失、种植业减产损失、室外建筑材料腐蚀损失和额外清洁成本 4 个指标，如表 3-1 所示。计算方法见本书第 2 章。

表 3-1　大气环境经济核算体系框架

序号	指标	含义	计算方法	数据来源
1	人体健康损失	空气中的颗粒物等污染物将对人体健康产生显著危害，包括过早死亡、循环系统和呼吸系统的慢性疾病等	GEMM 模型、人力资本法、疾病成本法	中国卫生健康统计年鉴、中国城市统计年鉴、各省统计年鉴
2	种植业减产损失	空气中酸性气体、酸雨等污染物将对农作物生长产生负面作用，造成种植业减产	市场价值法	中国农村统计年鉴、各省统计年鉴
3	室外建筑材料腐蚀损失	空气中酸性气体和酸雨等将腐蚀室外建筑材料，造成经济损失	市场价值法、防护费用法	中国城市统计年鉴、各省统计年鉴
4	额外清洁成本	空气中颗粒物等污染物将增加公共设施和住宅等的清洁频率，造成清洁费用增加	防护费用法	中国城市统计年鉴、各省统计年鉴

3.2.2　大气污染实际治理成本核算方法

大气污染治理成本是衡量一个地区进行大气污染治理的资金需求，是评价大气污染治理负债水平的综合指标。大气环境质量达标的治理成本核算主要涵盖工业、生活、集中式和移动源。

3.2.2.1　现状年污染物削减量

自 2016 年起，环保部门不再公布省级大气污染物削减量，仅公布污染物排放量，因此本研究基于数据收集情况，采用历史年（2015 年）各省（区、市）的污染物削减量占其排放量比例及其现状年污染物排放量来推算现状年（2017 年）污染物的削减量，如下式所示：

$$\mathrm{re}_{i,\mathrm{cur}} = \mathrm{re}_{i,\mathrm{his}} \cdot \frac{\mathrm{di}_{i,\mathrm{cur}}}{\mathrm{di}_{i,\mathrm{his}}}$$

式中，$\mathrm{re}_{i,\mathrm{cur}}$ 和 $\mathrm{re}_{i,\mathrm{his}}$ —— 分别为现状年和历史年的污染物削减量，万 t；

$di_{i,cur}$ 和 $di_{i,his}$ —— 分别为现状年和历史年的污染物排放量，万t（历史年污染物削减量和排放量数据由《中国环境统计年鉴》获取）。

3.2.2.2 大气污染治理实际成本

大气污染治理实际成本根据单位污染物治理成本和大气污染物削减量相乘得到。根据我国目前大气污染治理工作现状，分为 SO_2、NO_x 和烟（粉）尘三类污染物进行分别统计，治理成本由三类污染物成本加和得到，如下式所示：

$$C = \sum_{i}^{3} uc_i \cdot re_i$$

式中，C —— 大气污染治理实际成本，万元；

i —— 污染物类别［包括 SO_2、NO_x 和烟（粉）尘］；

uc_i —— 单位污染物治理成本，万元/t，SO_2、NO_x 和烟（粉）尘单位虚拟治理成本分别为 0.31 万元/t、1.35 万元/t 和 0.08 万元/t；

re_i —— 污染物削减量，t。

3.2.3 基于空气质量达标的大气污染治理投入需求核算方法

3.2.3.1 全面达标的空气环境质量标准

党的十九大报告提出“加快生态文明体制改革，建设美丽中国”，到 2035 年，“生态环境根本好转，美丽中国目标基本实现”，对 2035 年的生态环境保护提出了更高的要求。

在大气环境保护方面，我国的大气环境质量将分区域、分阶段实现达标。京津冀区域在 2035 年前全面达标；2035 年全国城市将全面达标；全国平均值有望基本达到世界卫生组织第二阶段目标，即 $PM_{2.5}$ 年平均浓度达到 25 μg/m^3。珠江三角洲①、海西等地区有望达到世界卫生组织第三阶段标准，即 $PM_{2.5}$ 年平均浓度达到 15 μg/m^3。

① 珠江三角洲，位于中国广东省中南部，范围包括广州、佛山、肇庆、深圳、东莞、惠州、珠海、中山、江门 9 个城市。

3.2.3.2 全面达标情景下的大气污染治理成本核算方法

环境质量与污染物排放量密切相关，在未来 10～20 年大气污染物削减率基本保持稳定的假设下，可通过污染物排放量将环境质量（污染物浓度）与污染物削减量（治理量）联系起来。大气环境容量一般指一个区域在确定的环境目标约束下大气污染物最大允许排放量，因此，可以认为在全面达标情景下，我国各区域的污染物排放量等于全国城市 $PM_{2.5}$ 达标约束下的大气环境容量。

与传统的 SO_2、NO_2 等一次污染物不同，$PM_{2.5}$ 多为污染源排放的 SO_2、NO_x、一次 $PM_{2.5}$、NH_3、VOCs 等多种污染物经化学转化形成，并可随大气流动进行长距离传输。根据薛文博等（2014）的研究成果，我国 31 个省（区、市）$PM_{2.5}$ 年均浓度受外来源贡献最高可达 70%以上，且 $PM_{2.5}$ 中各化学组分的跨区域输送特征存在显著差异。本研究根据“基于全国城市 $PM_{2.5}$ 达标约束的大气环境容量模拟研究”的成果，采用基于 WRF-CAMx 空气质量模型的以 $PM_{2.5}$ 达标为约束的多污染物环境容量迭代计算系统，对全国 31 个省（区、市）的 $PM_{2.5}$ 环境容量进行核算，并以此作为 2035 年达标排放情景下的各区域污染物排放量。

3.2.3.3 基于 WRF-CAMx 模型的全面达标下污染物排放量

根据薛文博等（2014）的研究成果，以全国城市 $PM_{2.5}$ 年均浓度达标为目标，采用数值迭代法计算全国各省（区、市）大气环境容量，环境容量模拟技术路线如图 3-2 所示。

基准情景 $PM_{2.5}$ 年均浓度模拟基于 CAMx 模型搭建适用于全国尺度的空气质量模拟系统，模拟 2010 年全国 $PM_{2.5}$ 及关键组分年均浓度；依据《环境空气质量标准》（GB 3095—2012）规定的 $PM_{2.5}$ 年均二级标准及 2010 年 333 个城市硫酸盐、硝酸盐、一次 $PM_{2.5}$、铵盐占 $PM_{2.5}$ 平均比例，设置 $PM_{2.5}$、硫酸盐、硝酸盐、一次 $PM_{2.5}$、铵盐年均达标限值；对于 2010 年基准情景 $PM_{2.5}$ 年均浓度已达标城市，基于空气质量反退化原则，其环境容量即现状排放量；对于 2010 年基准情景未达标城市制定削减方案，迭代计算，直至 $PM_{2.5}$ 年均浓度为 32～35 μg/m³。基于空间差异化的 SO_2、NO_x、一次 $PM_{2.5}$ 及 NH_3 削减方案，迭代创建新的多污染物排放清单，模拟新的削减方案下全国 $PM_{2.5}$ 及关键组分年均浓度，直至所有城市 $PM_{2.5}$

年均浓度达标，得到 SO_2、NO_x、一次 $PM_{2.5}$ 及 NH_3 环境容量。

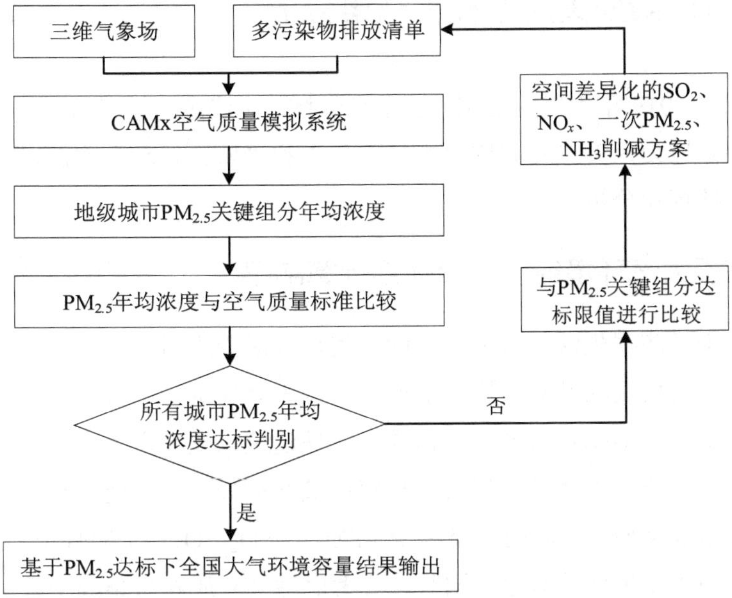

图 3-2 环境容量模拟技术路线

3.2.3.4 全面达标情景下污染物削减量核算

根据数据获取情况，基于 2015 年的各省（区、市）污染物产生量和排放量，核算得到 2015 年污染物削减量，以此作为分配基准，2035 年全面达标情景下的各省（区、市）污染物削减量，计算公式为

$$TR_{2035}=\frac{DI_{2035}\cdot TR_{2015}}{DI_{2015}}=\frac{DI_{2035}\cdot(PR_{2015}-DI_{2015})}{DI_{2015}}$$

式中，TR —— 污染物削减量，万 t；

DI —— 污染物排放量，万 t；

PR —— 污染物产生量，万 t。

其中，污染物削减量=污染物产生量−污染物排放量

3.3 大气污染损失成本核算结果分析

以 2013—2019 年为研究范围，以重点区域（京津冀、长三角、汾渭平原和成渝地区）和省域为尺度，对我国“大气十条”和“蓝天行动”实施以来的大气污染损失进行核算和分析。

3.3.1 基于大气环境经济核算体系计算结果

基于污染经济损失法，根据当年的空气环境质量来量化目前的大气污染经济损失。污染经济损失法针对环境功能退化的危害对象进行估算，对于大气污染，其危害对象主要包括暴露人群、农作物、室外建筑以及城市人居环境，其对应的大气污染损失可分为人体健康损失、种植业减产损失、室外建筑材料腐蚀损失和额外清洁成本等类型。不同的污染因子（$PM_{2.5}$、SO_2、O_3 等）对环境的危害不同，在确定污染经济损失估算对象的同时，要考虑污染介质和污染因子。

3.3.1.1 总体分析

2013—2019 年全国大气污染损失和主要污染物平均浓度如图 3-3、图 3-4 所示。根据核算结果，自 2013 年实施“大气十条”以来，SO_2 和 $PM_{2.5}$ 浓度呈整体下降趋势，O_3 污染逐步显现。大气污染损失随着 $PM_{2.5}$ 浓度的降低也呈现整体下降的趋势。2013—2019 年的大气污染损失分别为 34 188 亿元、33 391 亿元、31 681 亿元、32 142 亿元、33 656 亿元、31 251 亿元和 35 140 亿元，由于 2019 年的大气污染扩散气象条件整体偏差[①]，因此 2019 年大气污染损失有一定程度的上升。

（1）人体健康损失

从大气污染损失结构来看，由 $PM_{2.5}$ 造成的人体健康损失占总损失比重最高，平均占比 92.5%。从大气污染损失原理来看，人体健康损失除 $PM_{2.5}$ 浓度外，还与人口数量、城镇化率、人均 GDP 等密切相关，因此人体健康损失在整体随着 $PM_{2.5}$ 浓度下降的同时，在某些年份也存在波动上升情况。2019 年，全国大气污染造成

① 国家气候中心，中国环境监测总站. 12 月北方大气污染扩散气象条件整体偏差[EB/OL]. （2019-01-02）[2021-06-03]http://www.mee. gov.cn/ywdt/hjywnews/201901/t20190102_688207.shtml.

的人体健康损失为 33 378 亿元，占总损失的 95%。

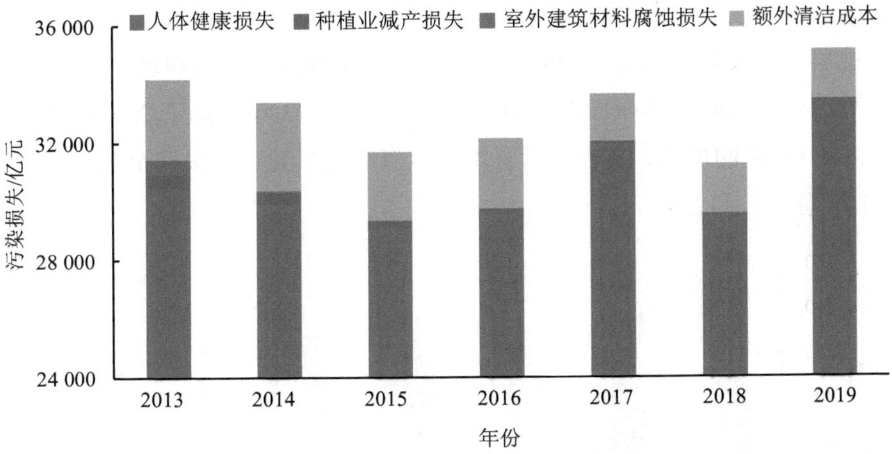

图 3-3　2013—2019 年全国大气污染损失

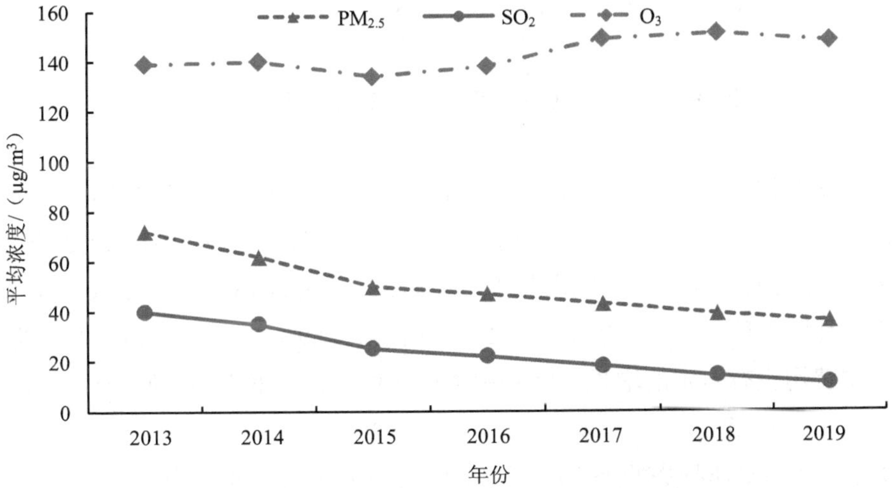

图 3-4　2013—2019 年全国主要污染物平均浓度

数据来源：2013—2019 年中国生态环境状况公报，其中 2019 年污染物浓度为实况数据，其余年份为标况数据。

人体健康损失根据损失性质，又分为过早死亡损失（主要死亡归因包括缺血性心脏病、慢性阻塞性肺病、肺癌、中风和下呼吸道疾病)、相关疾病住院损失(呼吸系统疾病和循环系统疾病)和失能损失(慢性支气管炎)。在这三类人体健康损失中，以过早死亡损失占比最大，并且随着人均 GDP 升高和人口老龄化的严重，近年来过早死亡人口出现上升趋势，过早死亡带来的损失也出现增大。2019 年，全国大气污染导致的过早死亡人口为 233 万人，比 2013 年下降了 29.4%(图 3-5)，但由于人均 GDP 的增加，基于人力资本法核算的过早死亡损失升至 30 964 亿元，比 2013 年增加了 11.2%。

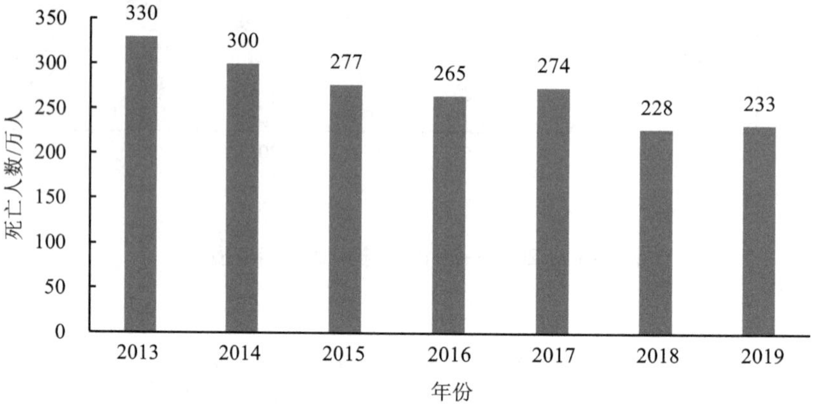

图 3-5 2013—2019 年全国因大气污染过早死亡人数

相关疾病住院损失占大气污染造成的损失比例相对较小。2019 年，大气污染造成的呼吸系统疾病和循环系统疾病住院损失为 117.24 亿元(比 2013 年降低 8.1%)，其中呼吸系统疾病住院人数为 77.65 万人(比 2013 年降低 31.6%)，循环系统疾病住院人数为 33.81 万人(比 2013 年降低 32.9%)。由于经济水平的提高，住院平均费用也有一定的增长，因此相关疾病住院损失下降幅度低于住院人数的下降幅度。

失能损失占健康损失的平均比例为 7.3%。2019 年，慢性疾病失能损失为 2 296.8 亿元，比 2013 年降低了 9.4%；失能人数为 33 万人，比 2013 年降低了 40%(图 3-6)。与相关疾病住院损失类似，由于经济水平的提高，人口在慢性疾病失能期间造成的人力资本升高，失能损失货币化结果下降幅度低于失能人数的下降幅度。

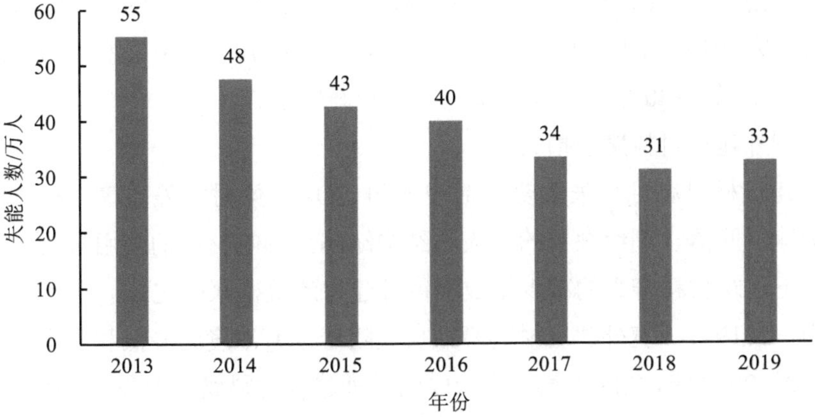

图 3-6 2013—2019 年全国大气污染造成的失能（慢性支气管炎）人数

（2）农业损失

这里的农业损失是指种植业减产损失，分为酸雨（包括 SO_2 和 H^+）和臭氧造成的损失两部分。根据核算结果，农业损失在 2013—2019 年呈现总体下降的趋势，到 2019 年，大气污染造成的农业损失为 80.6 亿元，比 2013 年降低了 81.9%。在农作物结构方面，由于农作物产量和价格的差异，大气污染对蔬菜造成的损失最为显著，平均占农业总损失的 75.6%，其次为油菜（平均占比为 11.8%）和小麦（平均占比为 9.1%），水稻、大豆和棉花的减产损失相对较小（图 3-7）。

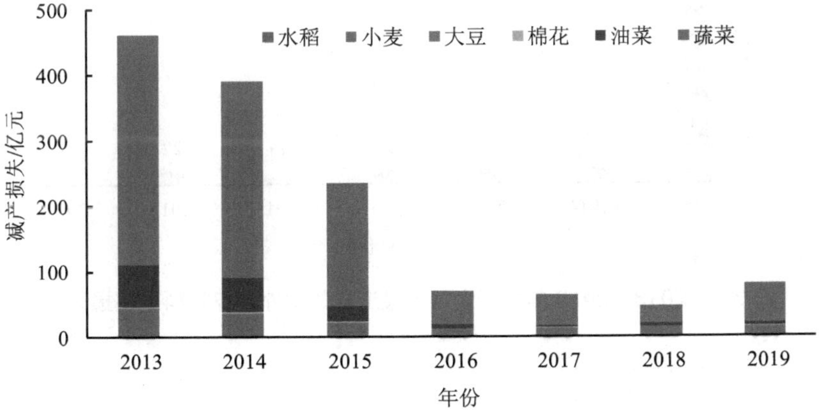

图 3-7 2013—2019 年全国大气污染造成的农业损失

对于酸雨和臭氧两类不同的农业损失，2013—2019 年酸雨对农业造成的损失显著降低，从 2013 年的 419.5 亿元降至 2019 年的 38.78 亿元；臭氧对农业造成的损失一直在 30 亿～40 亿元波动，损失相对酸雨较小。

（3）室外建筑材料腐蚀损失

室外建筑材料腐蚀损失主要包括酸雨和 SO_2 污染对室外建筑材料造成的褪色、保护涂层脱落、刻纹细节的损失和结构缺陷，影响材料的使用寿命，主要由污染条件下建筑材料寿命的减少年数和每种建材的价格来确定。

2013—2019 年，室外建筑材料腐蚀损失随着 SO_2 浓度的降低和酸雨区的减少而显著降低。2019 年，全国大气污染造成的室外建筑材料腐蚀损失为 4.79 亿元（图 3-8），比 2013 年（512.34 亿元）降低了 99%，与其他类型的大气污染损失相比，几乎可以忽略不计。在造成损失的建筑材料结构方面，不同建材因保有量、成本以及对酸雨腐蚀敏感度存在差异，其中大理石和镀锌防护网的损失较大，2019 年，二者损失分别为 1.72 亿元和 1.11 亿元，占比分别为 35.9%和 23.2%（图 3-9）。

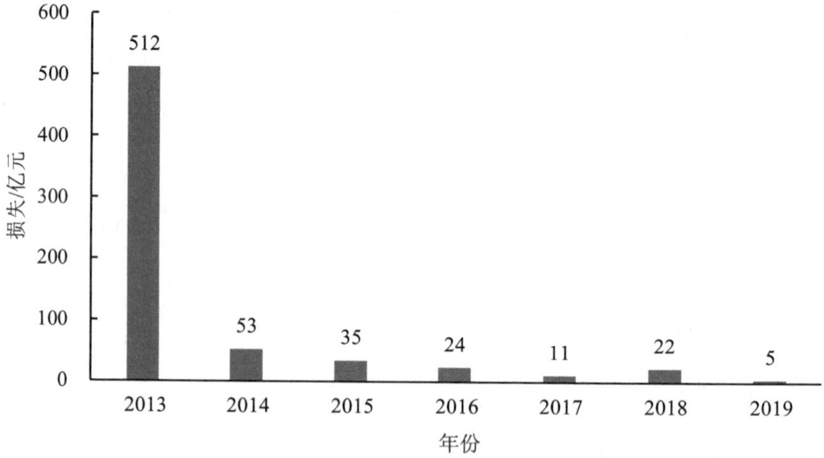

图 3-8 2013—2019 年全国大气污染造成的室外建筑材料腐蚀损失

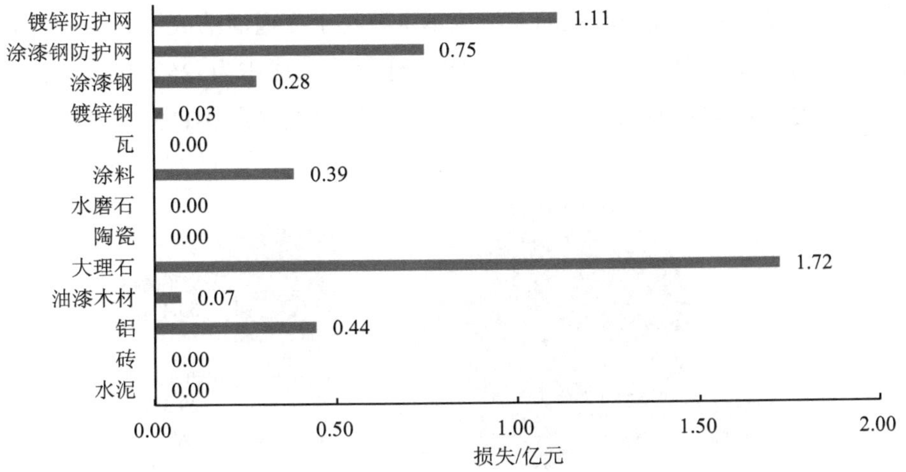

图 3-9　2019 年大气污染造成的各类建筑材料腐蚀损失

（4）额外清洁成本

大气污染造成的额外清洁成本包括家庭清洁、生产和作业设备（各种车辆）、道路清扫和建筑清洁（外立面）等。根据核算结果，大气污染造成的额外清洁成本整体呈逐年下降趋势，2019 年，全国额外清洁成本为 1 676 亿元，比 2013 年（2 730 亿元）降低了 38.6%（图 3-10）；与人体健康损失、农业损失、室外建筑材料腐蚀损失相比，额外清洁成本在整体大气污染损失成本中所占比例也相对较高，远高于农业损失成本和室外建筑材料腐蚀损失。

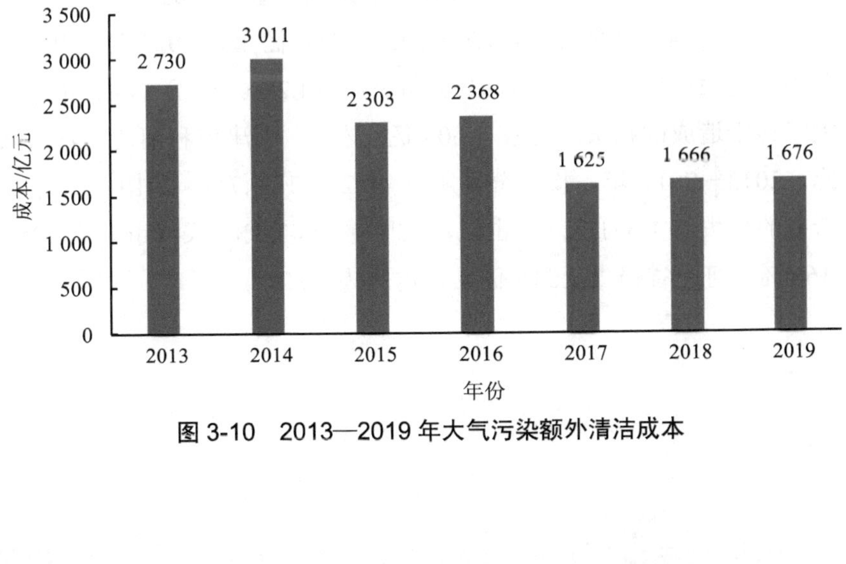

图 3-10　2013—2019 年大气污染额外清洁成本

从清洁类型来看，额外产生的清洁成本主要在于交通清洁成本。2019 年，交通清洁成本为 1 411 亿元，占比为 84.2%，建材清洁成本为 252 亿元（占比为 15.0%），家庭清洁成本最低，为 13 亿元，占比为 0.8%（图 3-11）。

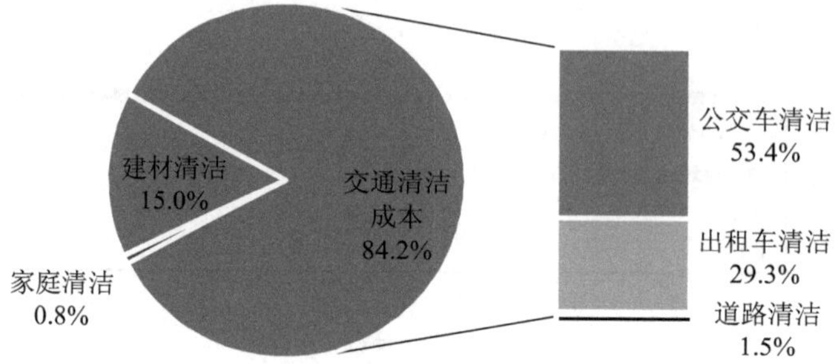

图 3-11 2019 年大气污染各类型额外清洁成本

3.3.1.2 各重点区域的核算结果分析

（1）京津冀区域

2013—2019 年京津冀区域大气污染造成的损失如图 3-12 所示。根据核算结果，自 2013 年实施"大气十条"以来，京津冀区域作为大气污染防控的重点区域，SO_2 和 $PM_{2.5}$ 浓度呈整体下降趋势。大气污染造成的损失随着 $PM_{2.5}$ 浓度的降低也呈现整体下降的趋势。2013—2019 年大气污染造成的损失分别为 4 782 亿元、4 731 亿元、4 452 亿元、4 470 亿元、4 188 亿元、4 025 亿元和 3 771 亿元，在全国大气污染造成的损失占比为 10.7%～14.2%。从省（区、市）来看，北京市大气污染造成的损失稳定在 1 600 亿元左右，天津市和河北省均有较大幅度的下降，2013—2019 年，损失分别降低 40.2%和 29.7%。2019 年，北京市大气污染造成的损失为 1 631 亿元，占京津冀区域的 43.3%；天津市损失 625 亿元，占比为 16.6%；河北省损失 1 515 亿元，占比为 40.2%。

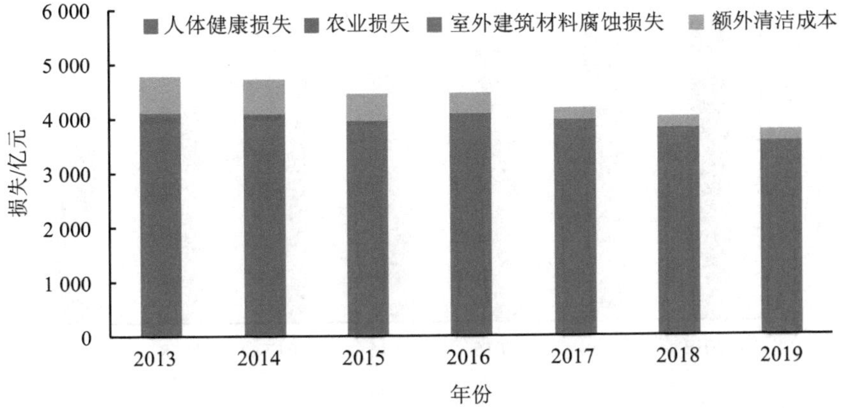

图 3-12 2013—2019 年京津冀区域大气污染造成的损失

1）人体健康损失

与全国一致，在四类大气污染造成的损失中，京津冀区域由 $PM_{2.5}$ 造成的人体健康损失占总损失的比例最高，2013—2019 年平均占比 89.8%。京津冀区域是全国大气污染最为严重的地区，有多个地市位列全国空气质量最差 20 个城市中，人口密度也相对较高，这些因素都会扩大该区域的人体健康损失。2019 年，京津冀区域大气污染造成的健康损失为 3 568 亿元，占总损失的 95%。

人体健康损失类型方面，与全国一致，京津冀区域以过早死亡造成的损失为主。2019 年，京津冀区域过早死亡人数为 23.41 万人，比 2013 年（33.28 万人）下降了 29.7%（图 3-13），其中北京市 4.81 万人，天津市 3.22 万人，河北省 15.37 万人。基于人力资本法核算的过早死亡损失为 3 266 亿元，比 2013 年降低了 6.9%。

相关疾病住院损失占大气污染造成的损失比例相对较小。2019 年，京津冀区域大气污染造成的呼吸系统疾病和循环系统疾病住院损失为 15.51 亿元（比 2013 年降低了 14.4%），其中呼吸系统疾病住院人数为 7.78 万人（比 2013 年降低了 38.8%），循环系统疾病住院人数为 3.40 万人（比 2013 年降低了 40.6%）。

2019 年，慢性疾病失能损失为 286 亿元，失能损失占健康损失的比例为 8.0%，比 2013 年降低了 26.7%；失能人数为 3.91 万人，比 2013 年降低了 41.8%（图 3-14）。与疾病住院损失类似，由于经济水平的提高，人口在慢性疾病失能期间造成的人力资本升高，失能损失货币化下降幅度低于失能人数的下降幅度。

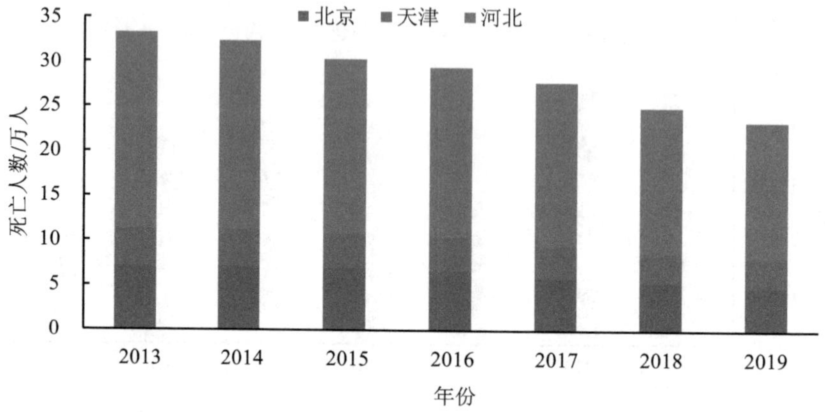

图 3-13 2013—2019 年京津冀区域过早死亡人数

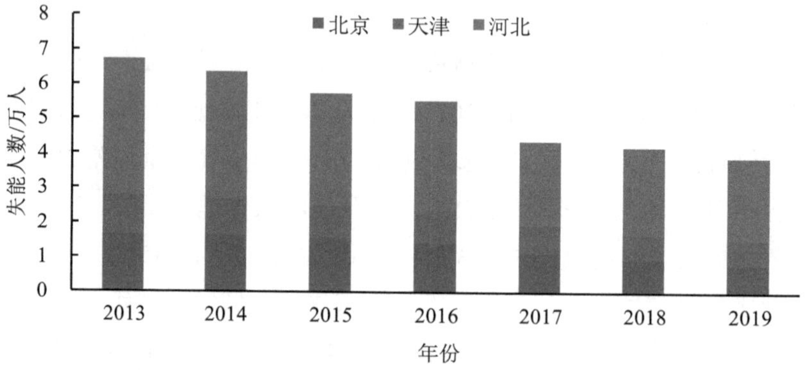

图 3-14 2013—2019 年京津冀区域慢性疾病失能人数

2）农业损失

与全国一致，京津冀区域农业损失在 2013—2019 年呈现总体下降的趋势，到 2019 年，京津冀区域大气污染造成的农业损失为 4 亿元，比 2013 年降低了 97%。在作物结构方面，以小麦和蔬菜减产损失占农业损失的绝大部分，占比分别为 34.2%和 63.0%，其他农作物的减产损失相比之下可忽略不计（图 3-15）。京津冀三省（市）中，北京市和天津市农业规模较小，因此大气污染主要对河北省造成农业减产损失。损失类型方面，京津冀区域不属于酸雨区，因此主要为臭氧造成的农作物减产损失。

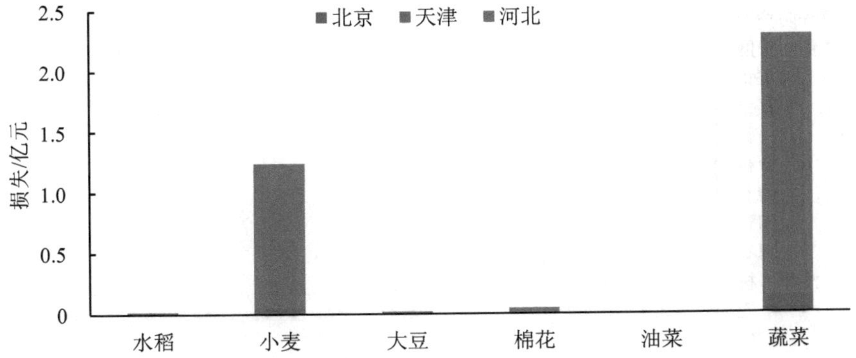

图 3-15 2019 年京津冀区域大气污染造成的农业损失

3）室外建筑材料腐蚀损失

2013—2019 年京津冀区域室外建筑材料腐蚀损失随着 SO_2 浓度的降低和酸雨区的减少而显著降低（图 3-16）。2019 年，京津冀区域大气污染造成的室外建筑材料腐蚀损失为 0.16 亿元，占全国室外建筑材料腐蚀损失的 3.3%，比 2013 年（65.14 亿元）降低了 99.8%，与其他类型的大气污染造成的损失相比，几乎可以忽略不计。造成损失的建筑材料结构方面，大理石和铝的损失较大，在 2019 年损失分别为 0.04 亿元和 0.11 亿元，占比分别为 25%和 69%（图 3-17）。

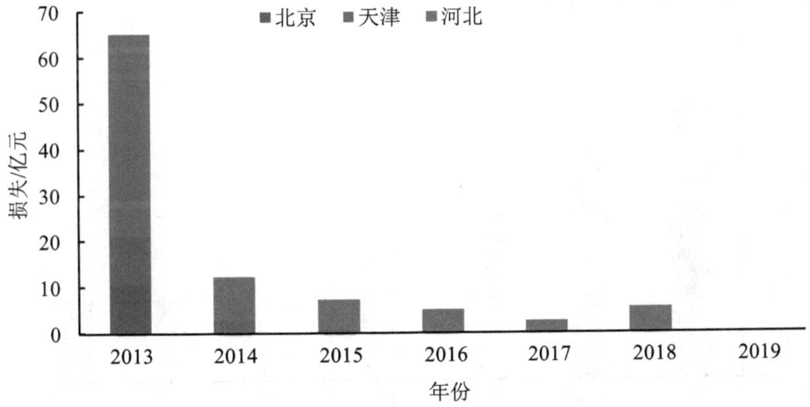

图 3-16 2013—2019 年京津冀区域大气污染造成的室外建筑材料腐蚀损失

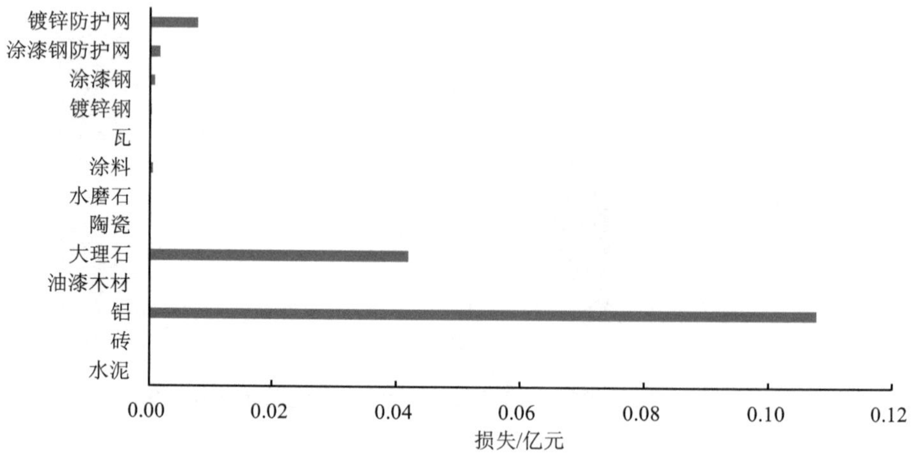

图 3-17 2019 年京津冀区域大气污染造成的各类建筑材料腐蚀损失

4）额外清洁成本

京津冀区域大气污染造成的额外清洁成本整体呈逐年下降趋势（图 3-18），2019 年，京津冀区域额外清洁成本为 199.76 亿元，占全国的 11.9%，比 2013 年（667.93 亿元）降低了 70.1%，显著高于全国降低幅度；与人体健康损失、农业损失、室外建筑材料腐蚀损失相比，京津冀区域额外清洁成本在整体大气污染造成的损失成本中占的比例也相对较高。

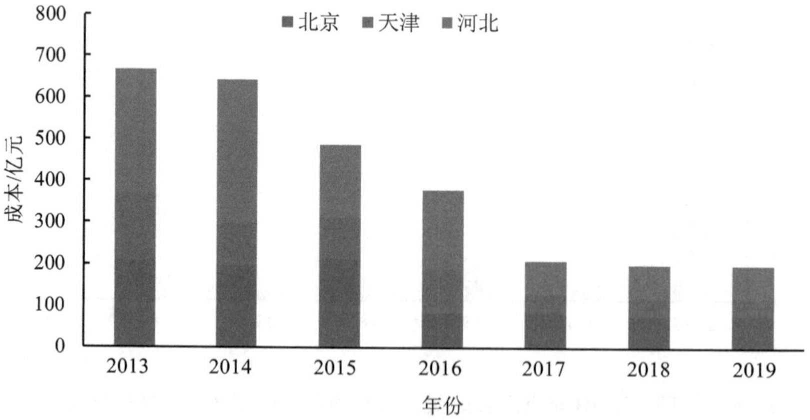

图 3-18 2013—2019 年京津冀区域大气污染造成的额外清洁成本

从清洁类型来看，额外产生的清洁成本主要为交通清洁成本（图 3-19）。2019 年，交通清洁成本为 197 亿元，占比为 85%，建材清洁成本为 29 亿元，占比为 14%，家庭清洁成本最低，为 1.2 亿元，占比为 1%。

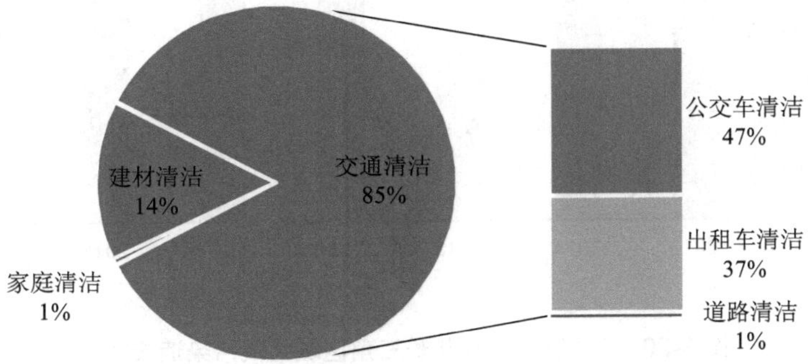

图 3-19　2019 年京津冀区域大气污染各类型额外清洁成本

（2）长三角区域

2013—2019 年长三角区域大气污染造成的损失如图 3-20 所示。根据核算结果，自 2013 年以来，长三角区域作为大气污染防控的重点区域，SO_2 和 $PM_{2.5}$ 浓度呈整体下降趋势，但由于区域经济水平的快速提高，大气污染造成的损失随着 $PM_{2.5}$ 浓度的降低呈现波动上升趋势。2013—2019 年大气污染造成的损失分别为 7 297 亿元、7 328 亿元、7 115 亿元、7 275 亿元、8 149 亿元、7 574 亿元和 8 478 亿元，在全国大气污染造成的损失占比为 21.3%～24.2%。从省（区、市）来看，上海市大气污染造成的损失稳定在 1 100 亿元左右，江苏省、浙江省和安徽省均有一定幅度的上升。2019 年，上海市大气污染造成的损失为 1 297 亿元，占长三角区域的 15.3%；江苏省损失 3 719 亿元，占比为 43.9%；浙江省损失 2 015 亿元，占比为 23.8%；安徽省损失 1 447 亿元，占比为 17.1%。

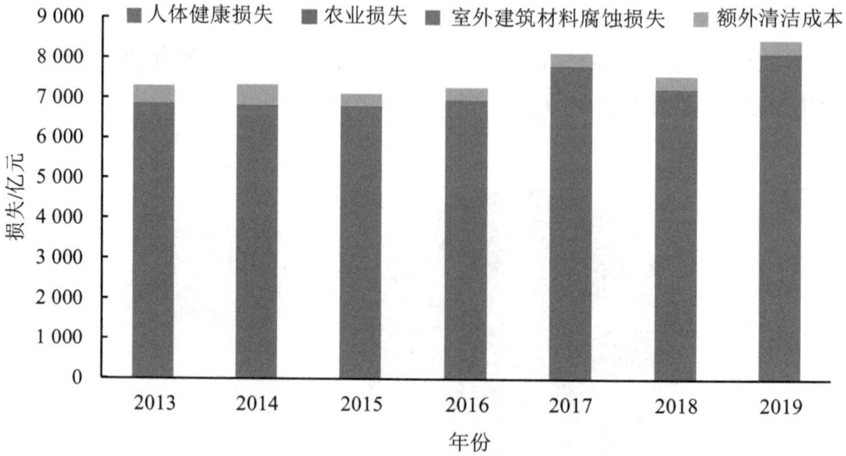

图 3-20 2013—2019 年长三角区域大气污染造成的损失

1）人体健康损失

与全国一致，在四类大气污染造成的损失中，长三角区域由 $PM_{2.5}$ 造成的人体健康损失占总损失比例最高，2013—2019 年平均占比为 94.7%。长三角区域是全国经济最为发达的地区之一，其人均 GDP 近年来增速较快，因此虽然污染物浓度有所降低，其人体健康损失在一定程度上呈上升趋势。2019 年，长三角区域大气污染造成的人体健康损失为 8 097 亿元，占总损失的 95.5%。

人体健康损失类型方面，与全国一致，长三角区域以过早死亡造成的损失为主。2019 年，长三角区域过早死亡人数为 39.14 万人，比 2013 年（54.70 万人）下降了 28.4%，其中上海市 3.98 万人，江苏省 14.99 万人，浙江省 7.70 万人，安徽省 12.46 万人（图 3-21）。基于人力资本法核算的过早死亡损失为 7 461 亿元，比 2013 年增长了 21.6%。

相关疾病住院损失占大气污染造成的损失比例相对较小。2019 年，长三角地区大气污染造成的呼吸系统疾病和循环系统疾病住院损失为 23.26 亿元（比 2013 年降低了 5.7%），其中呼吸系统疾病住院人数为 13.31 万人（比 2013 年降低了 24.1%），循环系统疾病住院人数为 5.79 万人（比 2013 年降低了 26.8%）。2019 年，长三角地区慢性疾病失能损失为 612.63 亿元，失能损失占健康损失的比例为 7.6%，比 2013 年有略微增长；失能人数为 6.15 万人，比 2013 年降低了 39.8%（图 3-22）。

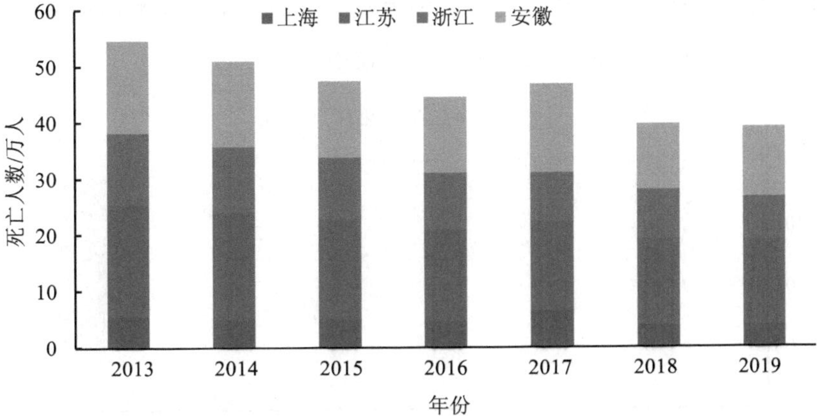

图 3-21 2013—2019 年长三角区域过早死亡人数

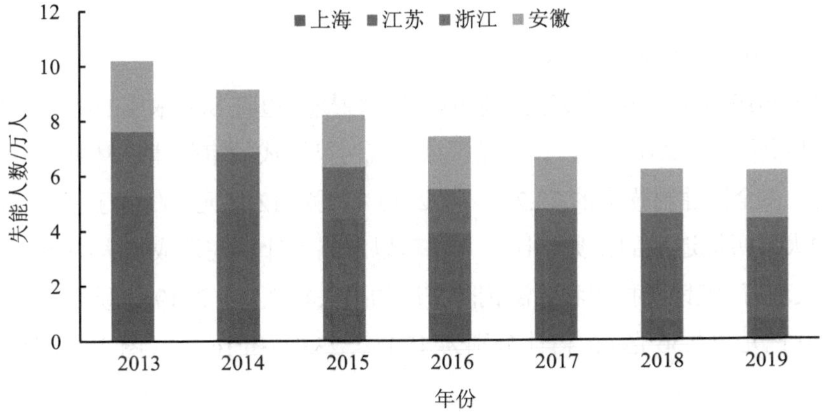

图 3-22 2013—2019 年长三角区域慢性疾病失能人数

2）农业损失

2013—2019 年，长三角区域酸雨污染有明显改善，酸雨区面积显著减少。但由于物价水平增长，长三角区域农业损失在 2013—2019 年呈现总体上升的趋势，到 2019 年，长三角区域大气污染造成的农业损失为 45.76 亿元，比 2013 年增长了 79.8%。在农作物结构方面，蔬菜减产损失占农业损失的绝大部分，占比为 84.8%，其他农作物的减产损失相比之下可忽略不计（图 3-23）。长三角四省（市）中，上海市农业规模较小，江苏省和安徽省几乎未受到酸雨污染影响，因此大气污染主要对浙江省造成农业减产损失。损失类型方面，主要为酸雨造成的种植业减产损失，臭氧造成的种植业减产损失相对较小。

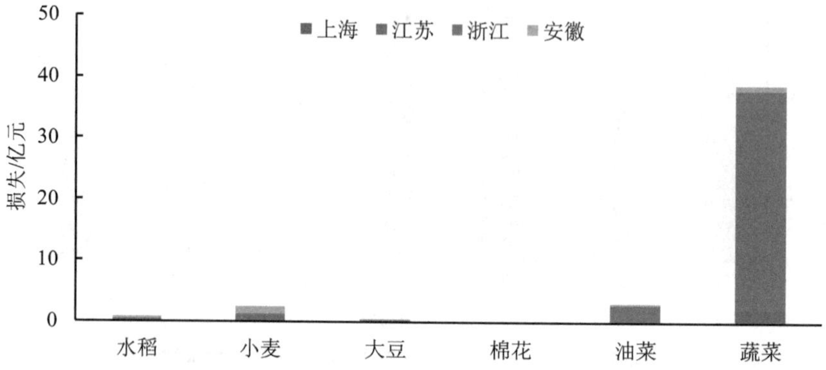

图 3-23 2019 年长三角区域大气污染造成的农业损失

3）室外建筑材料腐蚀损失

2013—2019 年长三角区域室外建筑材料腐蚀损失随着 SO_2 浓度的降低和酸雨区的减少而显著降低。2019 年，长三角区域大气污染造成的室外建筑材料腐蚀损失为 3.48 亿元，占全国建材损失的 72.7%，比 2013 年（70.12 亿元）降低了 95.0%，与其他类型的大气污染造成的损失相比，几乎可以忽略不计。在造成损失的建筑材料结构方面，大理石、镀锌防护网和涂漆钢防护网的损失较大，在 2019 年损失分别为 1.57 亿元、0.80 亿元和 0.56 亿元，占比分别为 45.1%、23.0%和 16.1%（图 3-24、图 3-25）。

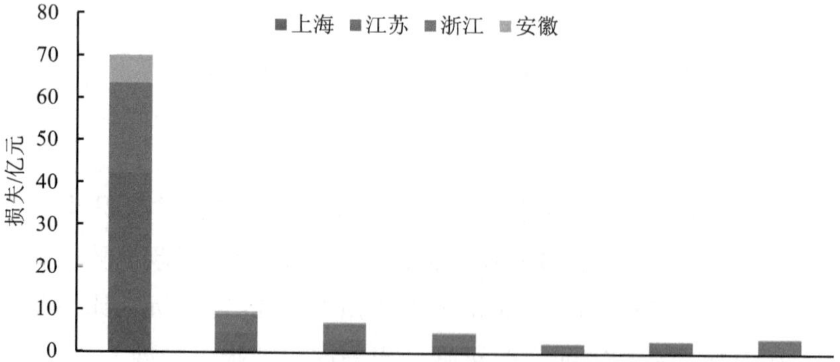

图 3-24 2013—2019 年长三角区域大气污染造成的室外建筑材料腐蚀损失

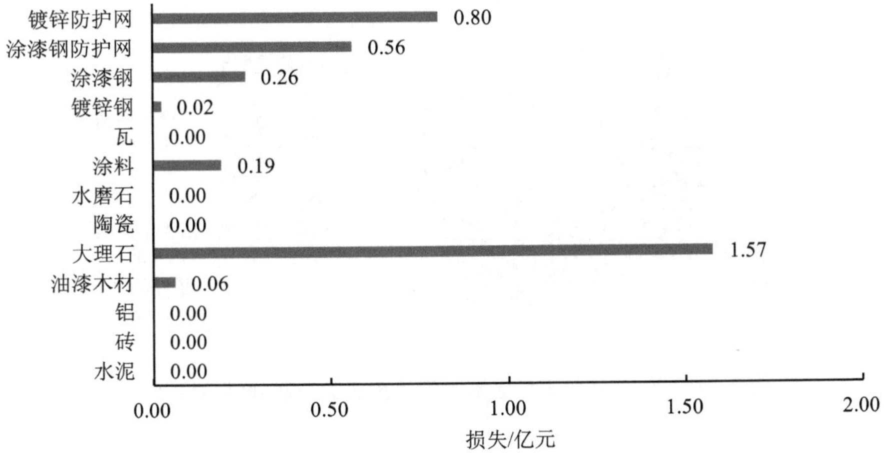

图 3-25 2019 年长三角地区大气污染造成的各类建筑材料损失

4）额外清洁成本

长三角区域大气污染造成的额外清洁成本整体呈波动下降趋势（图 3-26），2019 年，长三角区域额外清洁成本为 331.28 亿元，占全国的 19.8%，比 2013 年（430.69 亿元）降低了 23.1%；与人体健康损失、农业损失、室外建筑材料腐蚀损失相比，长三角区域额外清洁成本在整体大气污染造成的损失成本中占有的比例也相对较高，远高于农业损失和室外建筑材料腐蚀损失。从清洁类型来看，额外产生的清洁成本主要为交通清洁成本。2019 年，交通清洁成本最多，为 273.15 亿元，占比 82.5%，建材清洁成本为 54.71 亿元，占比为 16.5%；家庭清洁成本最低，为 3.43 亿元，占比为 1.0%（图 3-27）。

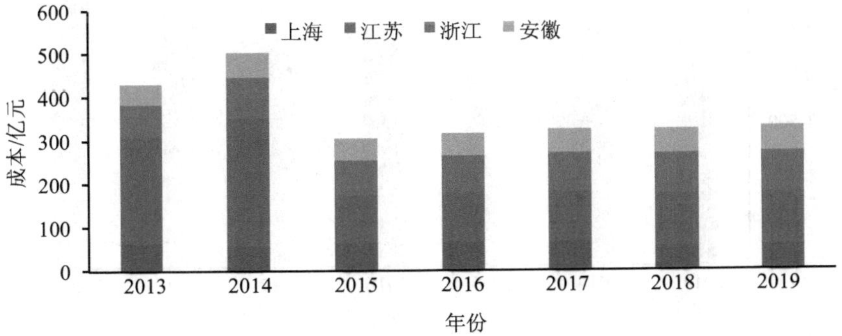

图 3-26 2013—2019 年长三角区域大气污染造成的额外清洁成本

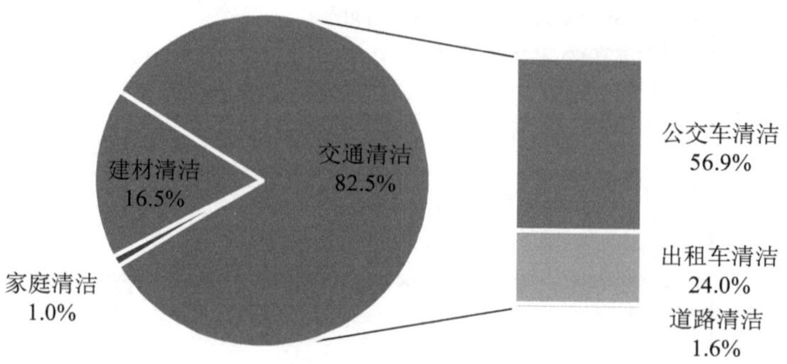

图 3-27　2019 年长三角区域大气污染各类型额外清洁成本

（3）珠三角区域

珠三角区域是“大气十条”中的大气污染治理重点区域，包括广东省广州市、佛山市、肇庆市、深圳市、东莞市、惠州市、珠海市、中山市和江门市 9 个城市。本研究以广东省为分析重点。

自 2013 年以来，珠三角区域 SO_2 和 $PM_{2.5}$ 浓度呈整体下降趋势，但由于区域经济水平的快速提高，大气污染造成的损失随着 $PM_{2.5}$ 浓度的降低呈现波动上升趋势。2013—2019 年的大气污染造成的损失分别为 2 574 亿元、2 543 亿元、2 431 亿元、2 605 亿元、2 442 亿元、2 883 亿元和 3 096 亿元，在全国大气污染造成的损失占比为 7.3%～9.2%（图 3-28）。

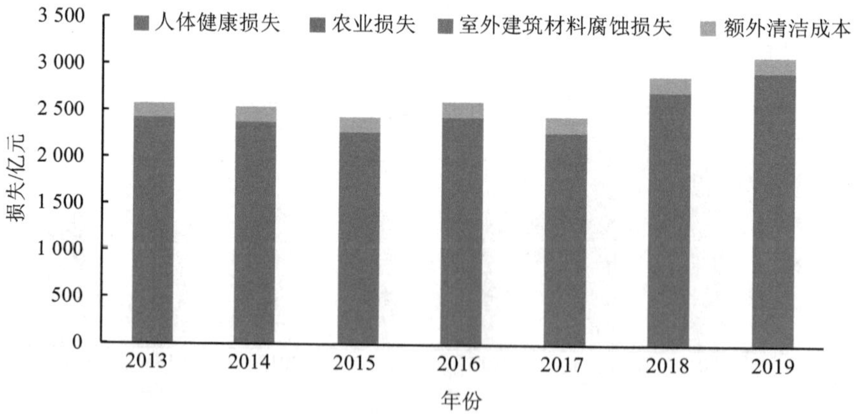

图 3-28　2013—2019 年珠三角区域大气污染造成的损失

1）人体健康损失

在四类大气污染造成的损失中，珠三角区域 $PM_{2.5}$ 造成的人体健康损失占总损失比例最高，2013—2019 年平均占比为 93.6%。虽然近年来大气污染物浓度有所降低，但其人体健康损失呈波动上升趋势。2019 年，珠三角区域大气污染造成的人体健康损失为 2 926 亿元，占总损失的 94.5%。

人体健康损失类型方面与全国一致，珠三角区域以过早死亡造成的损失为主。2019 年，珠三角区域过早死亡人数为 16.3 万人，比 2013 年（20.8 万人）下降了 21.6%（图 3-29）。基于人力资本法核算的过早死亡损失为 2 926 亿元。

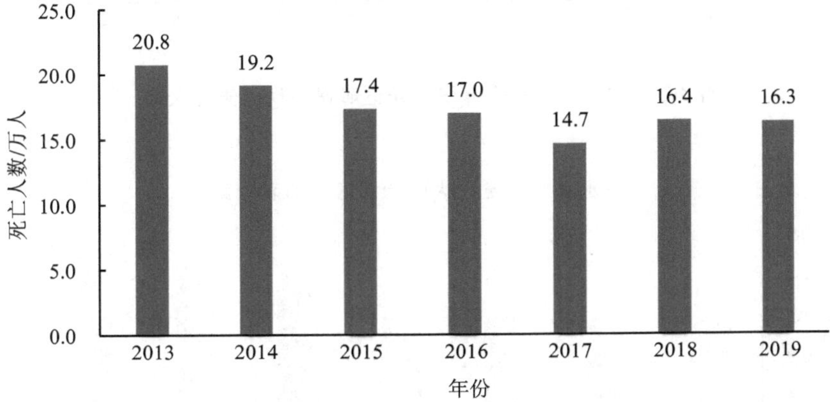

图 3-29　2013—2019 年珠三角区域过早死亡人数

相关疾病住院损失占大气污染造成的损失相对较小。2019 年，珠三角区域大气污染造成的呼吸系统和循环系统疾病住院损失为 6.43 亿元；慢性疾病失能损失为 180.58 亿元，失能损失占健康损失的比例为 6.2%；失能人数为 2.1 万人，比 2013 年降低了 41.7%（图 3-30）。

2）农业损失

2013—2019 年，珠三角区域酸雨污染明显改善，但由于农作物价格升高和臭氧污染日益显现，珠三角区域农业损失在 2013—2019 年呈总体上升的趋势，到 2019 年，珠三角区域大气污染造成的农业损失为 1.33 亿元，比 2013 年提高了 33.5%。农作物结构方面，以水稻和蔬菜占农业减产损失的绝大部分，占比分别为 15.8%和 83.5%（图 3-31）。损失类型方面，珠三角区域农作物受酸雨影响相对较小，主要为臭氧造成的减产损失。

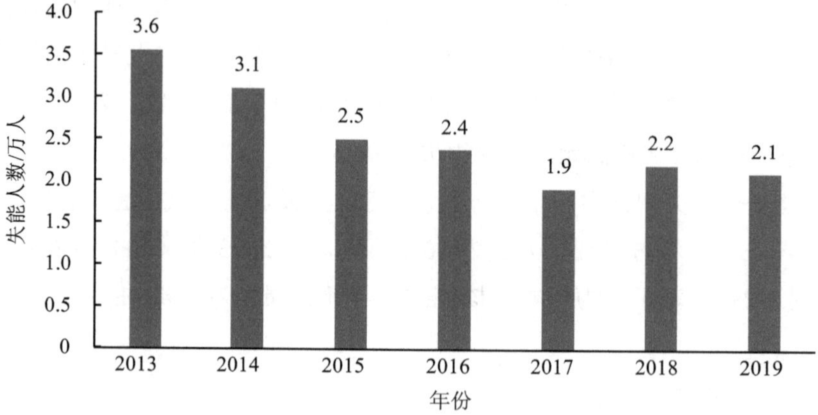

图 3-30 2013—2019 年珠三角区域慢性疾病失能人数

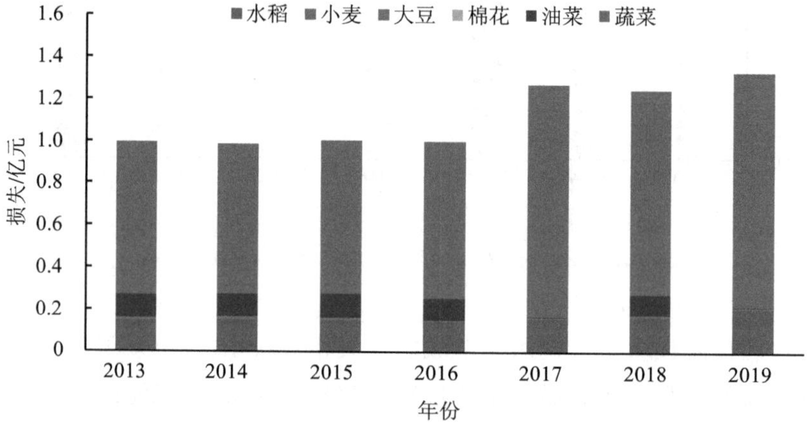

图 3-31 2013—2019 年珠三角区域大气污染造成的农业损失

3）室外建筑材料腐蚀损失

2013—2019 年珠三角区域室外建筑材料腐蚀损失随着 SO_2 浓度的降低而显著降低。2019 年，珠三角区域大气污染造成的室外建筑材料腐蚀损失为 0.12 亿元，比 2013 年（21.07 亿元）大幅降低了 99.4%，与其他类型的大气污染造成的损失相比，几乎可以忽略不计（图 3-32）。在建筑材料结构方面，镀锌防护网、涂漆钢防护网和大理石的损失较大，在 2019 年损失分别为 0.025 亿元、0.033 亿元和 0.027

亿元（图 3-33）。

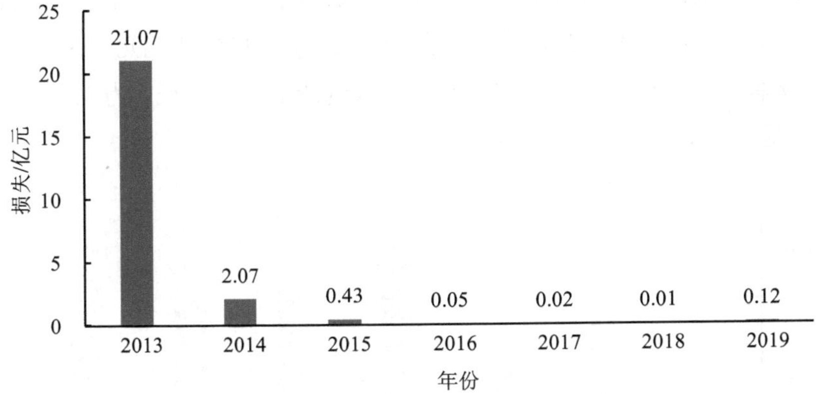

图 3-32 2013—2019 年珠三角区域大气污染造成的建筑材料腐蚀损失

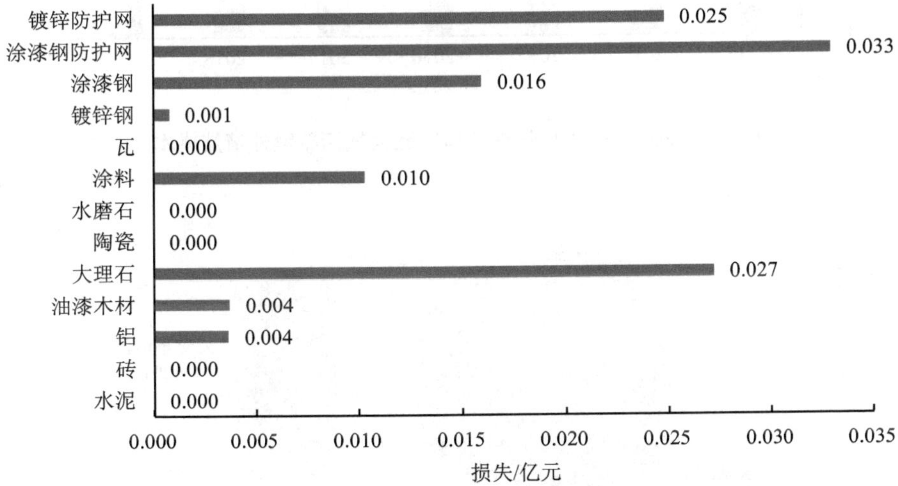

图 3-33 2019 年珠三角区域大气污染造成的各类建筑材料腐蚀损失

4）额外清洁成本

珠三角区域大气污染造成的额外清洁成本整体呈波动状态，2019 年，珠三角区域额外清洁成本为 168 亿元，占全国的 10%，比 2013 年（148.2 亿元）升高了 13.4%（图 3-34）；与人体健康损失、农业损失、室外建筑材料腐蚀损失相比，珠三角区域额外清洁成本在整体大气污染造成的损失成本中占的比例较高，远高于农业损失成本和室外建筑材料腐蚀损失成本。从清洁类型来看，额外产生的清洁成本主要为交通清洁成本。2019 年，交通清洁成本为 135.04 亿元，占比为 80%，建材清洁成本为 31.52 亿元（占比为 19%），家庭清洁成本最低，为 1.45 亿元，占比为 1%（图 3-35）。

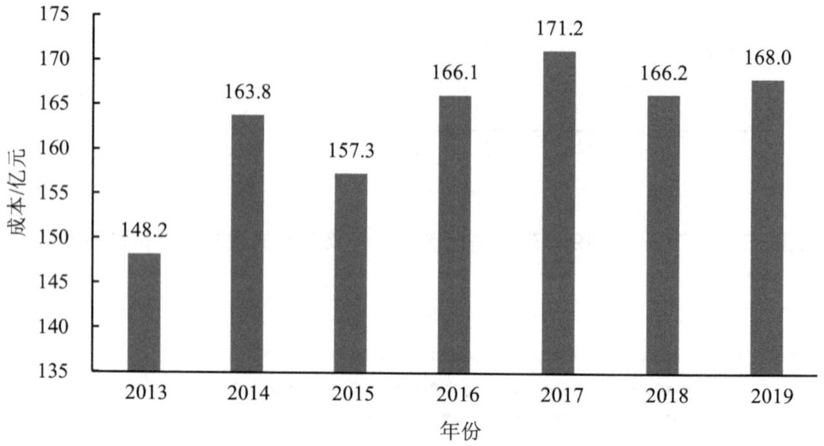

图 3-34 2013—2019 年珠三角区域大气污染额外清洁成本

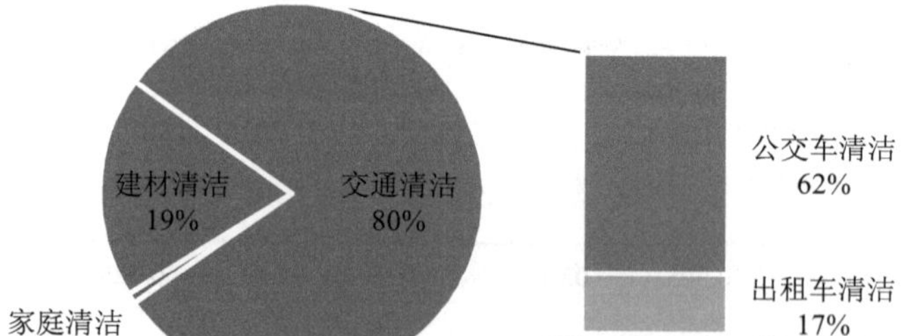

图 3-35 2019 年珠三角区域大气污染各类型额外清洁成本

（4）汾渭平原区域

汾渭平原是“蓝天行动”中的大气污染治理重点区域，其范围包括陕西省西安市、宝鸡市、咸阳市、渭南市、铜川市、杨凌示范区和西咸新区，山西省太原市、晋中市、吕梁市、临汾市和运城市，以及河南省洛阳市和三门峡市，共 12 城 2 区。本研究尺度为省级，因此本小节以陕西省和山西省为分析重点，以此代表汾渭平原大气污染造成损失的总体情况。

2013—2019 年汾渭平原区域大气污染造成的损失如图 3-36 所示。根据核算结果，自 2013 年以来，汾渭平原作为大气污染防控的重点区域，SO_2 和 $PM_{2.5}$ 浓度呈整体下降趋势，但由于区域经济水平的快速提高，大气污染造成的损失随着 $PM_{2.5}$ 浓度的降低呈现波动趋势。2013—2019 年大气污染造成的损失分别为 1 728 亿元、1 602 亿元、1 387 亿元、1 631 亿元、1 715 亿元、1 621 亿元和 1 742 亿元，在全国大气污染造成的损失占比为 4.4%～5.2%。从省份来看，山西省大气污染造成的损失稳定在 700 亿元左右，陕西省大气污染造成的损失稳定在 900 亿元左右。2019 年，山西省大气污染造成的损失为 709 亿元，占汾渭平原区域的 40.7%；陕西省损失 1 033 亿元，占比为 59.3%。

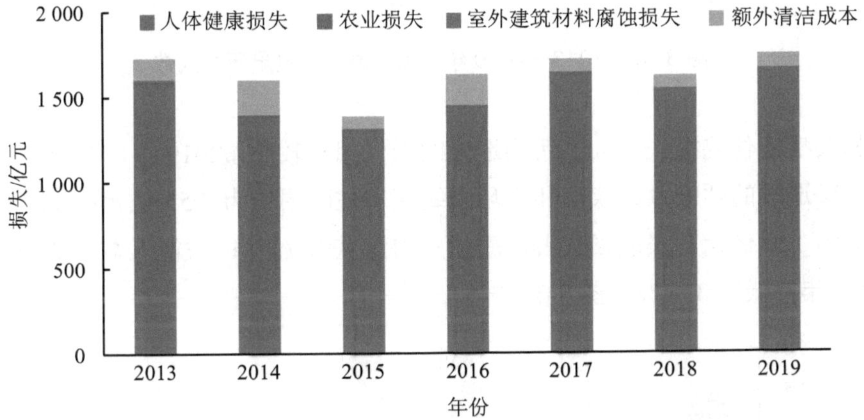

图 3-36 2013—2019 年汾渭平原区域大气污染造成的损失

1）人体健康损失

在四类大气污染造成的损失中，汾渭平原区域 $PM_{2.5}$ 造成的人体健康损失占总损失比重最高，2013—2019 年平均占比为 92%。虽然近年来大气污染物浓度有所降低，但其人均 GDP 近年来增速也相对较快，因此其人体健康损失呈波动上升趋势。2019 年，汾渭平原区域大气污染造成的人体健康损失为 1 658 亿元，占总损失的 95.2%。

人体健康损失类型方面与全国一致，汾渭平原区域以过早死亡造成的损失为主。2019 年，汾渭平原区域过早死亡人数为 15.24 万人，比 2013 年（20.32 万人）下降了 25%，其中山西省 7.47 万人，陕西省 7.77 万人（图 3-37）。基于人力资本法核算的过早死亡损失为 1 530 亿元。

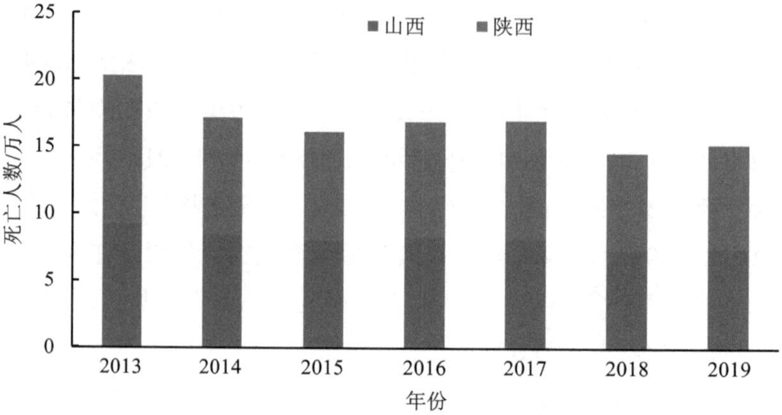

图 3-37 2013—2019 年汾渭平原区域过早死亡人数

相关疾病住院损失占大气污染造成的损失相对较小。2019 年，汾渭平原区域大气污染造成的呼吸系统疾病和循环系统疾病住院损失为 7.55 亿元；慢性疾病失能损失为 120 亿元，失能损失占健康损失的比重为 7.2%；失能人数为 2.34 万人，比 2013 年降低了 33.0%（图 3-38）。

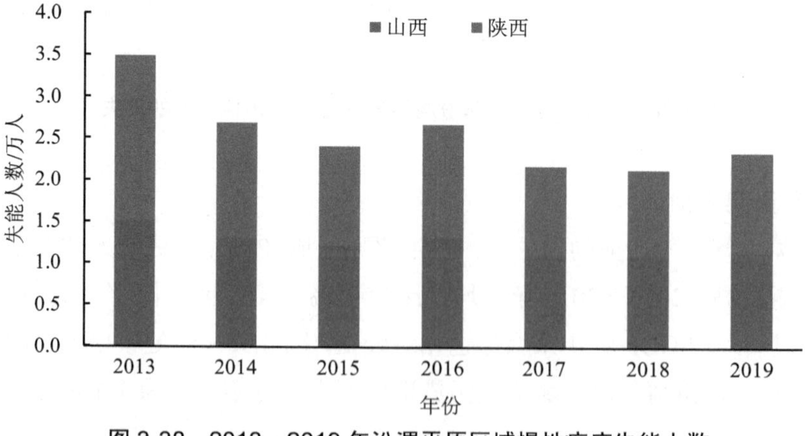

图 3-38 2013—2019 年汾渭平原区域慢性疾病失能人数

2）农业损失

2013—2019 年，汾渭平原区域酸雨污染明显改善，汾渭平原区域农业损失在 2013—2019 年呈现总体下降的趋势，到 2019 年，汾渭平原区域大气污染造成的农业损失为 1.47 亿元，比 2013 年大幅下降了 91.5%。农作物结构方面，以小麦、蔬菜占农业减产损失的绝大部分，占比分别为 28.1%和 64.2%，其他农作物的减产损失相比之下可忽略不计（图 3-39）。大气污染给山西省和陕西省造成的农业减产损失较为平均。损失类型方面，汾渭平原为非酸雨区，主要为臭氧造成的减产损失。

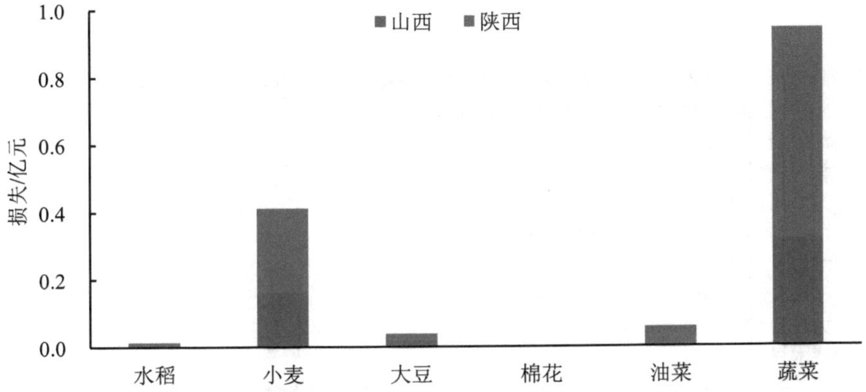

图 3-39 2019 年汾渭平原区域大气污染造成的农业损失

3）室外建筑材料腐蚀损失

2013—2019 年汾渭平原区域室外建筑材料腐蚀损失随着 SO_2 浓度的降低而显著降低。2019 年，汾渭平原区域大气污染造成的室外建筑材料腐蚀损失为 0.33 亿元，比 2013 年（10.04 亿元）大幅降低了 96.7%，与其他类型的大气污染造成的损失相比，几乎可以忽略不计（图 3-40）。在建筑材料结构方面，镀锌防护网、涂漆钢防护网、涂料和铝的损失较大，在 2019 年损失分别为 0.10 亿元、0.04 亿元、0.05 亿元和 0.11 亿元，占比分别为 30.3%、12.1%、15.2%和 33.3%（图 3-41）。

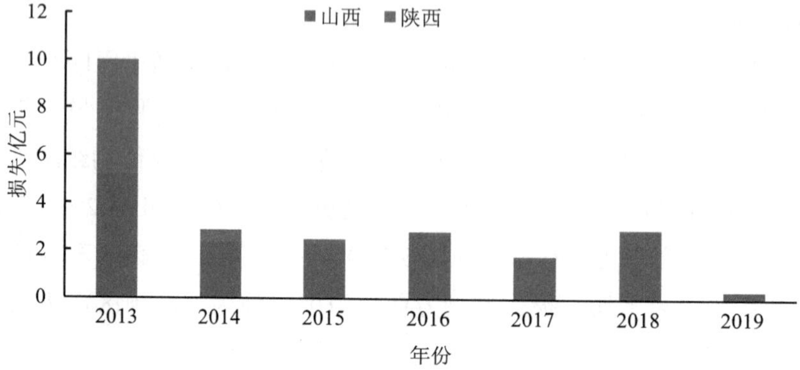

图 3-40　2013—2019 年汾渭平原区域大气污染造成的室外建筑材料腐蚀损失

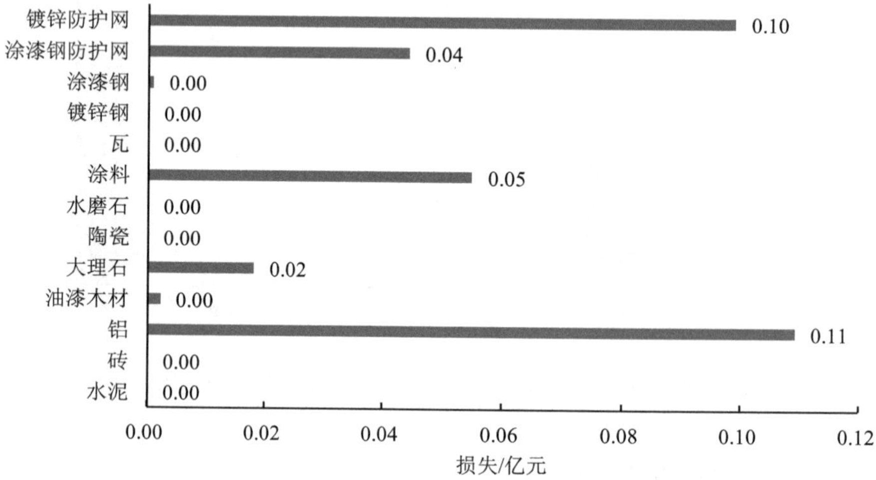

图 3-41　2019 年汾渭平原区域大气污染造成的各类室外建筑材料腐蚀损失

4）额外清洁成本

汾渭平原区域大气污染造成的额外清洁成本整体呈波动状态，2019 年，汾渭平原区域额外清洁成本为 83.13 亿元，占全国的 5%，比 2013 年（124.84 亿元）降低了 33.4%（图 3-42）；与人体健康损失、农业损失、室外建筑材料腐蚀损失相比，汾渭平原区域额外清洁成本在整体大气污染造成的损失成本中占有的比重也相对较高，远高于农业损失和室外建筑材料腐蚀损失。从清洁类型来看，额外产生的清洁成本主要为交通清洁成本。2019 年，交通清洁成本为 71.13 亿元，占比 85.6%，建材清洁成本为 11.42 亿元，占比 13.7%，家庭清洁成本最低，为 0.57 亿元，占比 0.7%（图 3-43）。

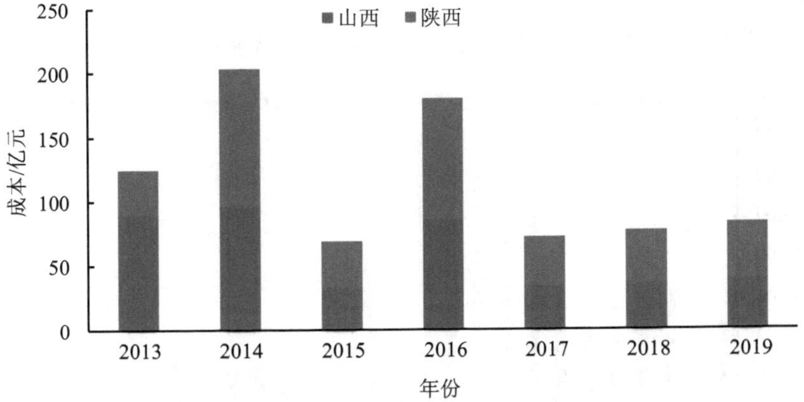

图 3-42　2013—2019 年汾渭平原区域大气污染额外清洁成本

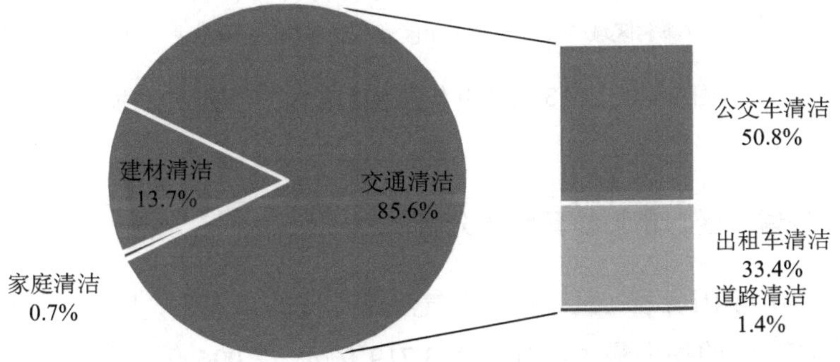

图 3-43　2019 年汾渭平原区域大气污染各类型额外清洁成本

（5）重点区域综合分析

2013—2019 年，随着“大气十条”和“蓝天行动”的实施，京津冀、长三角、珠三角和汾渭平原区域的环境质量持续提升，SO_2、$PM_{2.5}$ 等污染物浓度显著下降，酸雨区面积显著减小。同时，这期间也是我国经济快速发展的时期，重点区域的人均 GDP 水平均取得了显著提高。综合来看，四个重点区域占全国大气污染造成损失的40%左右，其中长三角区域大气污染造成的损失最大，且在研究期内呈整体上升的趋势；其次为京津冀区域和珠三角区域；最低为汾渭平原区域，在研究期内损失呈稳定态势（图3-44）。

对于四类大气污染造成的损失，各重点区域均以人体健康损失为主，占90%以上；其次为额外清洁成本。农业损失和室外建材腐蚀损失相对较小。

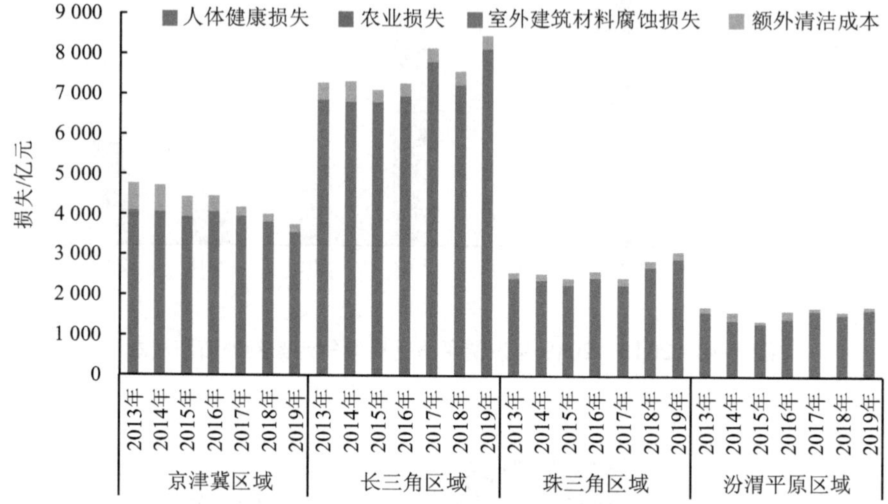

图3-44 2013—2019年重点区域大气污染造成的损失

3.3.1.3 各省（区、市）核算结果分析

2019年，全国各省（区、市）大气污染造成的损失中，以江苏、广东、山东、河南和浙江五省的损失最大，分别为3 719亿元、3 096亿元、2 931亿元、2 420亿元和2 015亿元，共占全国大气污染造成损失的40.4%（图3-45）。整体而言，大气污染对东部经济发达省（区、市）造成的损失最为严重，一方面东部的江苏、广东、浙江等均位于大气污染最为严重的区域，另一方面这些地区的人口、人均GDP等社会经济发展水平也在全国居于前列，对大气污染造成的损失相对敏感。2013—2019年各省（区、市）大气污染造成的损失见图3-46。对于四类大气污染造成的损失类型，各省（区、市）均以人体健康损失为主，占90%以上；其次为额外清洁成本。农业损失和室外建筑材料腐蚀损失相对较小，可忽略不计。

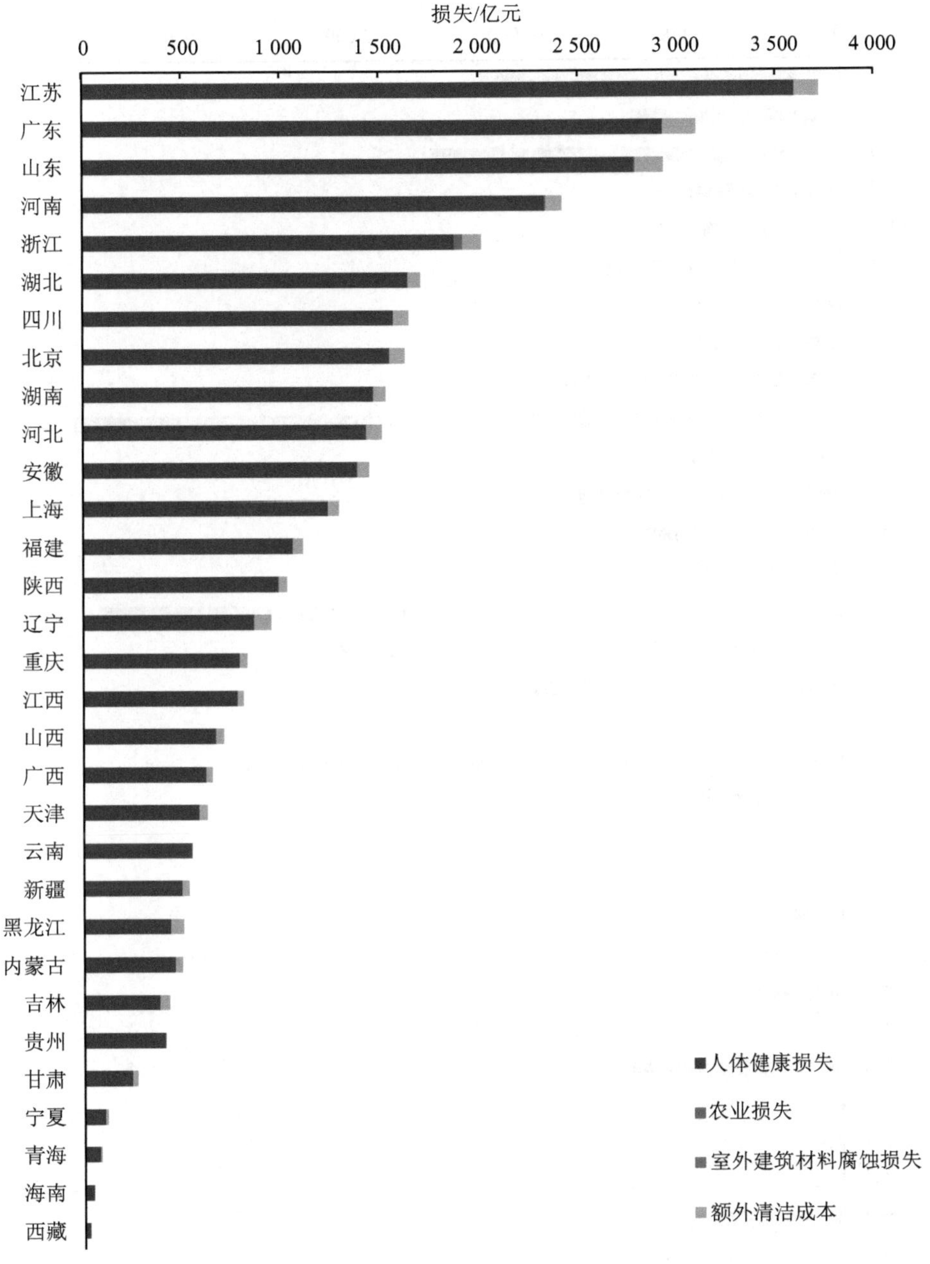

图 3-45 2019 年各省（区、市）各类型大气污染造成的损失

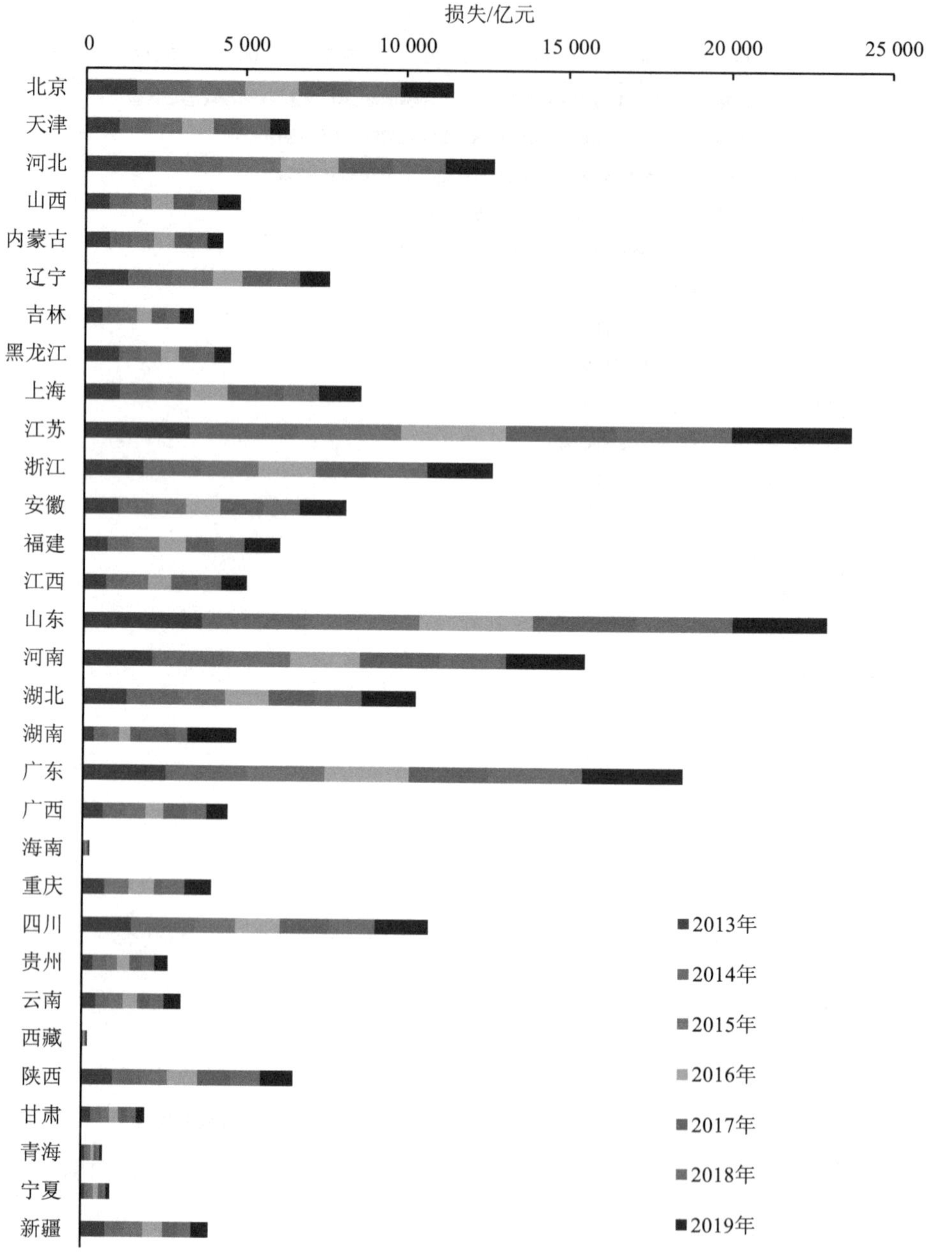

图 3-46 2013—2019 年各省（区、市）大气污染造成的损失

3.3.2 基于 CVM 计算损失成本结果

根据评估对象产权分配不同，通过 CVM（Contingent Valuation Method）能够得到受访者愿意为特定环境质量改善进行支付或对于特定环境质量恶化愿意接受补偿的 Hicksian 福利函数。居民享受该水平环境改善的最大支付意愿如表 3-2 所示。

表 3-2 CVM 参数

南京市	收入区间/万元	元/（10 μg·月·人）	元/（μg·a·人）
$PM_{2.5}$浓度变化：31 μg/m³ 下降到 21 μg/m³；下降 10 μg/m³ $PM_{2.5}$浓度＜35 μg/m³	（0，1]	67.00	80.40
	（1，2]	69.20	83.04
	（2，3]	71.38	85.65
	（3，5]	74.61	89.53
	（5，7]	78.85	94.62
	（7，10]	84.04	100.85
	（10，15]	92.10	110.52
	（15，20]	101.73	122.08
	（20，30]	115.30	138.36
	>30	131.77	158.12
石家庄	收入区间/万元	元/（10 μg·月·人）	元/（μg·a·人）
$PM_{2.5}$浓度变化：50 μg/m³ 下降到 40 μg/m³；下降 10 μg/m³ $PM_{2.5}$浓度＞50 μg/m³	（0，1]	40.00	48.00
	（1，2]	51.60	61.92
	（2，3]	62.40	74.88
	（3，5]	77.15	92.58
	（5，7]	94.21	113.06
	（7，10]	111.66	133.99
	（10，15]	131.45	157.74
	（15，20]	144.23	173.07
	（20，30]	144.64	173.57
	>30	150.00	180.00

长沙	收入区间/万元	元/（10 μg·月·人）	元/（μg·a·人）
$PM_{2.5}$浓度变化：38 μg/m^{3}下降到28 μg/m^3；下降10 μg/m^3 35 μg/m^3＜$PM_{2.5}$浓度＜50 μg/m^3	（0，1]	88.68	106.41
	（1，2]	89.36	107.24
	（2，3]	90.04	108.04
	（3，5]	91.02	109.22
	（5，7]	92.29	110.74
	（7，10]	93.80	112.56
	（10，15]	96.06	115.28
	（15，20]	98.65	118.38
	（20，30]	102.08	122.50
	>30	105.97	127.16

数据来源：中国人民大学，《大气环境经济价值核算方法研究与示范报告》，2021。

以 CVM 得到的支付意愿参数为基础，对 337 个城市 2013—2019 年的损失成本进行计算，计算方法如下：

损失成本=CVM 值（元/μg·a·人）×（当年浓度−大气污染因子健康阈值）×城市总人口

其中，以 2.5 μg/m^3 作为 $PM_{2.5}$的健康阈值。CVM 值的选择根据各城市 2019 年 $PM_{2.5}$浓度以及各城市的2019年人均GDP水平进行选择，当$PM_{2.5}$浓度＜35 μg/m^3，参考南京市 CVM 水平；当 35 μg/m^3＜$PM_{2.5}$浓度＜50 μg/m^3，参考长沙市 CVM 水平；当 $PM_{2.5}$浓度＞50 μg/m^3，参考石家庄 CVM 水平。

人均 GDP 与人均可支配收入的关系根据 2013—2020 年的趋势得到，人均可支配收入为 42%～45%，且呈上升趋势，采用 45%，即人均可支配收入/人均 GDP 为 45%（图 3-47）。

基于 CVM 计算结果每改善 1 μg 的支付意愿是按年计算的，即 2020 年改善浓度的支付意愿会从 2020 年一直支付到 2035 年。

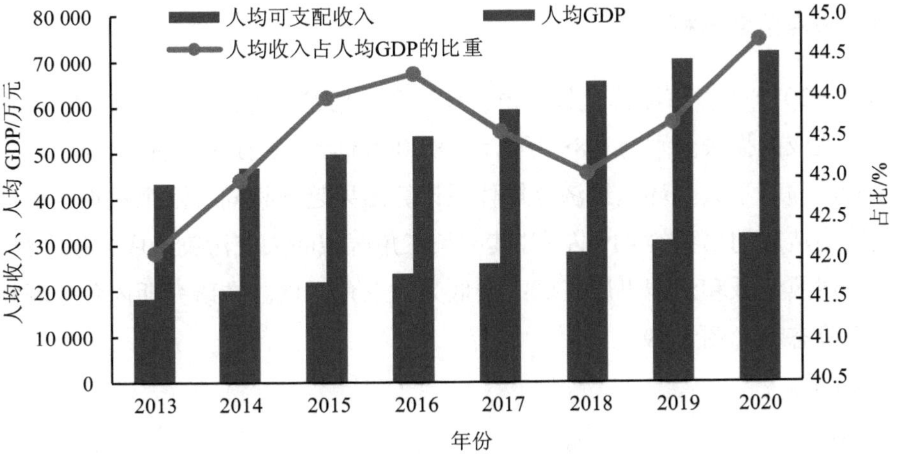

图 3-47 人均 GDP 与人均可支配收入的关系

3.3.2.1 总体分析

2013—2019 年基于 CVM 计算的大气污染造成的损失分别为 90 172 亿元、75 150 亿元、63 974 亿元、58 393 亿元、58 815 亿元、43 981 亿元和 45 513 亿元，合计 43.6 万亿元（图 3-48）。

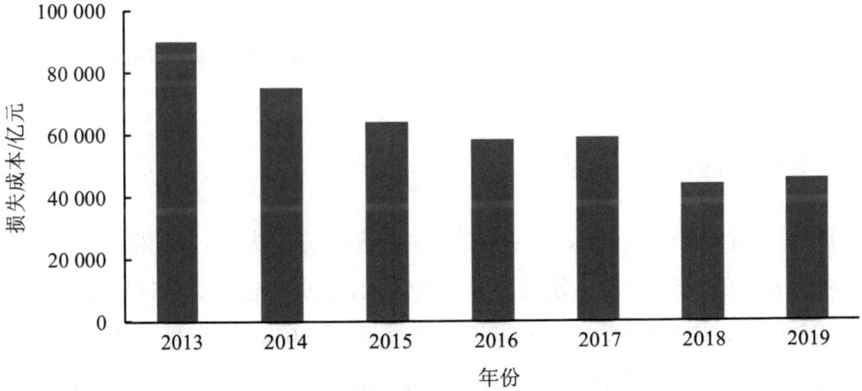

图 3-48 2013—2019 年基于 CVM 的全国大气污染造成的损失

3.3.2.2 重点区域分析

2013—2019 年，京津冀、长三角、珠三角、汾渭平原区域基于 CVM 计算的大气污染造成的损失分别为 4.88 万亿元、8.00 万亿元、2.21 万亿元、2.69 万亿元。综合来看，与基于大气环境经济核算体系计算结果趋势相同，四个重点区域占全国大气污染造成的损失的 41%左右，其中长三角区域的大气污染造成的损失最大；其次为京津冀区域和汾渭平原区域；最低为珠三角区域。在研究期内各区域损失整体呈下降态势（图 3-49）。

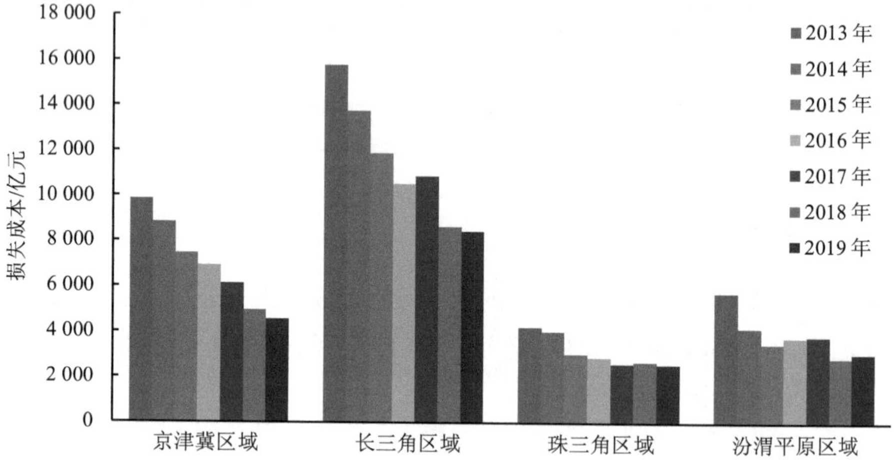

图 3-49　2013—2019 年基于 CVM 的重点区域大气污染造成的损失

3.3.2.3 各省（区、市）分析

2019 年，全国各省（区、市）大气污染造成的损失中，河南、山东、江苏、四川和河北五省的损失较大，分别为 4 169 亿元、3 980 亿元、3 541 亿元、3 059 亿元和 2 895 亿元，共占全国大气污染造成的损失的 39%左右（图 3-50）。整体而言，大气污染对东部经济发达省（区、市）造成的损失最为严重，一方面东部的江苏、浙江等均位于大气污染重点区域，另一方面这些地区的人口、人均 GDP 等社会经济发展水平也在全国居于前列，对大气污染造成的损失相对敏感。

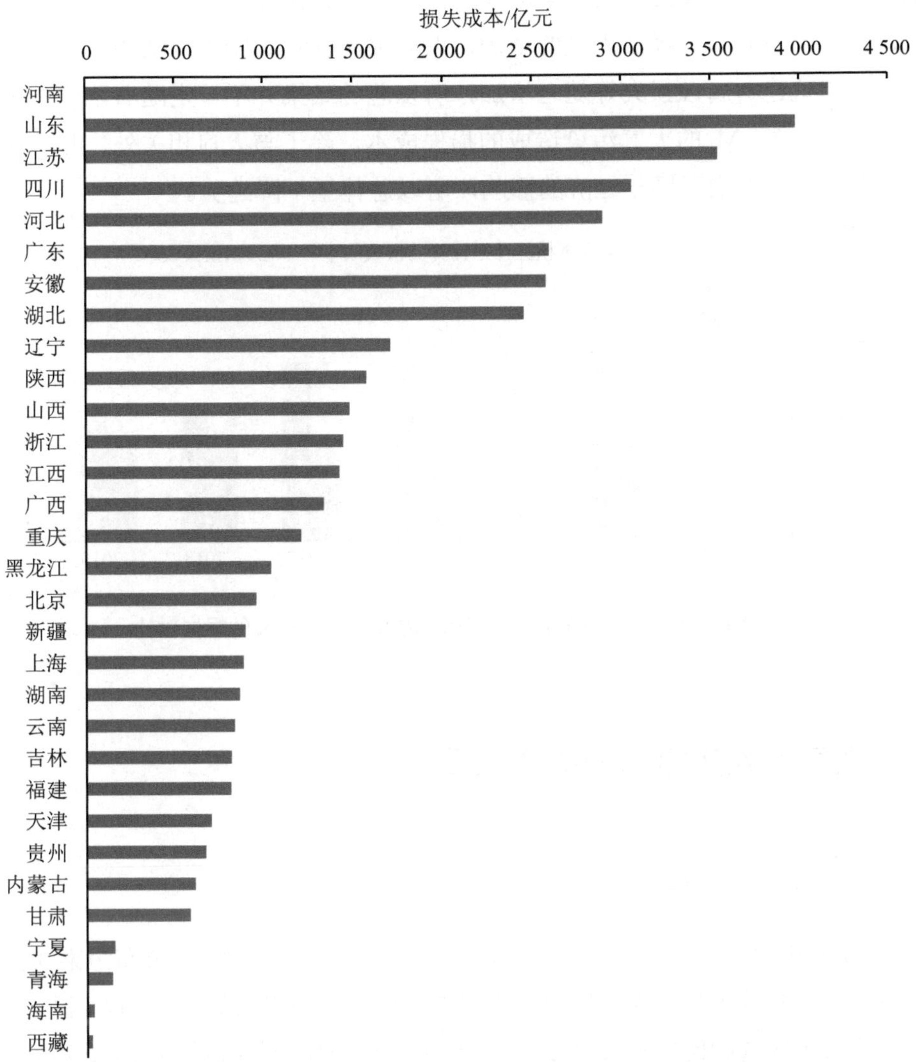

图 3-50 2019 年基于 CVM 的各省（区、市）大气污染造成的损失

3.3.3 不同方法计算结果对比分析

图 3-51 是两种方法的对比结果，基于 CVM 的大气污染造成的损失成本是基于大气环境经济核算体系计算结果的 1.9 倍左右，不同年的差异较大。基于大气

环境经济核算体系计算的大气污染造成的损失成本整体平稳，为 3.0 万亿～3.5 万亿元，这是因为人口、经济规模的增加，人体健康损失、额外清洁成本、农业损失和室外建筑建材腐蚀损失等随之增加，所以总的结果并不一定随着浓度的降低而降低；基于 CVM 的大气污染造成的损失成本，除了与人口相关外，与浓度呈正相关关系，未考虑不同年经济的影响，所以总体呈下降趋势。

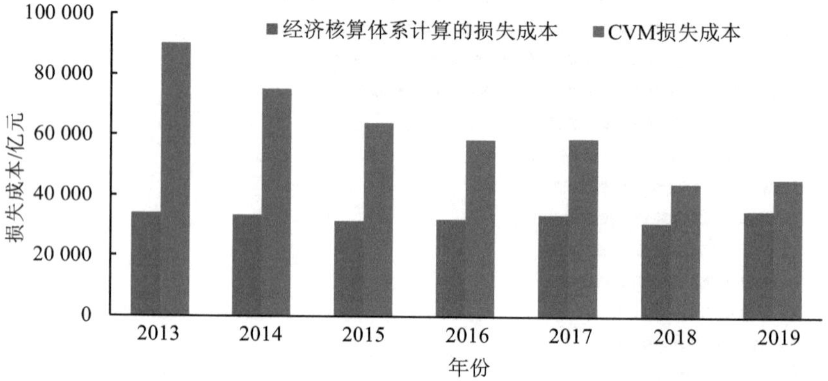

图 3-51　2013—2019 年基于 CVM 的大气污染造成的损失对比

3.4　大气污染实际治理成本核算

3.4.1　大气污染物削减量

自 2016 年起，环保部门不再公布省级大气污染物削减量，仅公布污染物排放量，因此本研究基于数据收集情况，采用 2013—2016 年削减量的各省（区、市）比例及其与排放量的比例来推算 2017—2019 年污染物的削减量，如下式所示。

$$\mathrm{re}_{i,\mathrm{cur}} = \mathrm{re}_{i,\mathrm{his}} \cdot \frac{\mathrm{di}_{i,\mathrm{cur}}}{\mathrm{di}_{i,\mathrm{his}}}$$

式中，$\mathrm{re}_{i,\mathrm{cur}}$ 和 $\mathrm{re}_{i,\mathrm{his}}$ —— 分别为现状年和历史年的污染物削减量，万 t；

$\mathrm{di}_{i,\mathrm{cur}}$ 和 $\mathrm{di}_{i,\mathrm{his}}$ —— 分别为现状年和历史年的污染物排放量，万 t。

历史年污染物削减量和排放量数据从《中国环境统计年鉴 2020》获取。

由此可以得到现状年各省的污染物削减量，如图 3-52～图 3-53 所示。

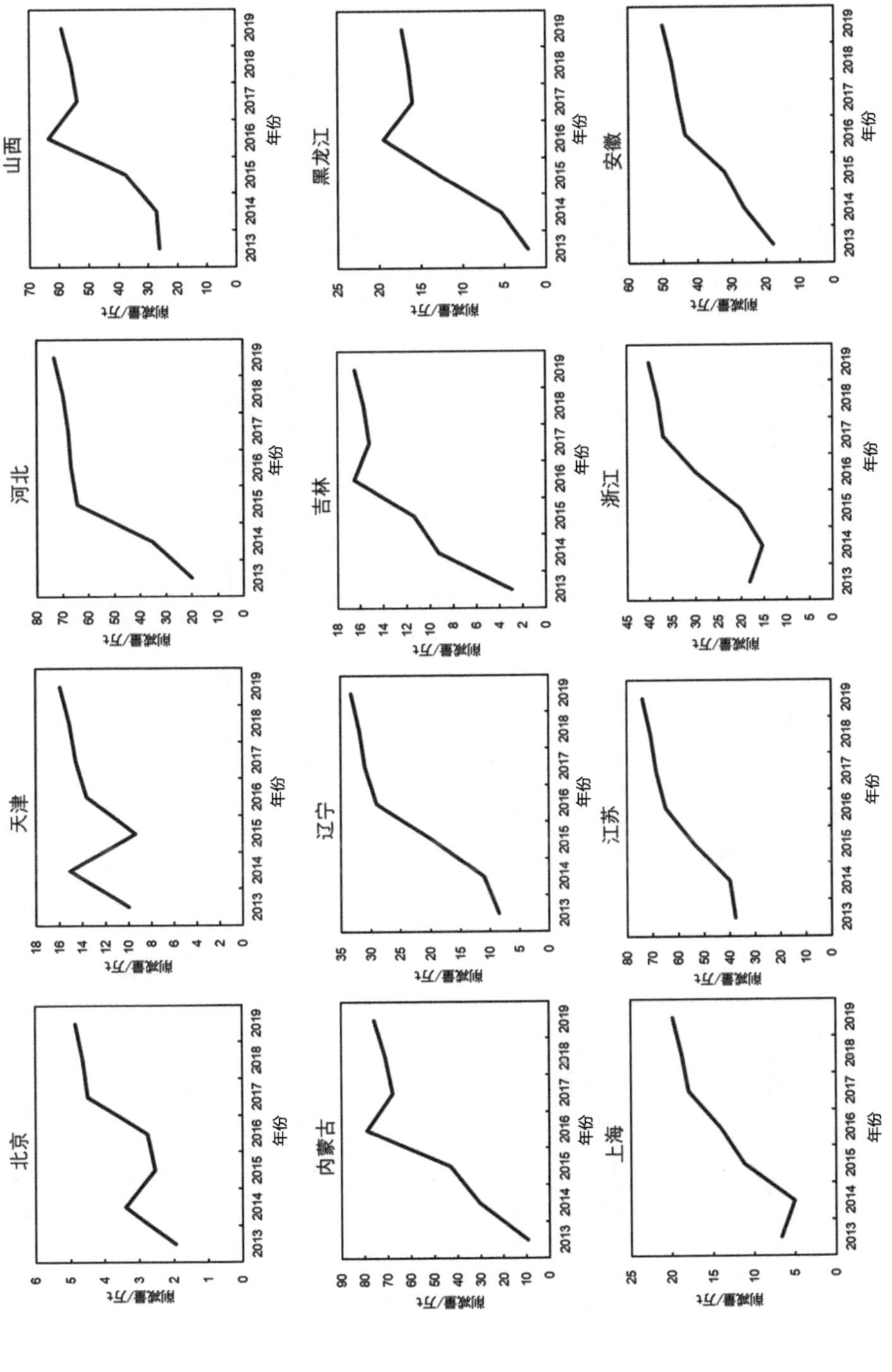
北京
天津
河北
山西
内蒙古
辽宁
吉林
黑龙江
上海
江苏
浙江
安徽
年份
削减量/万t

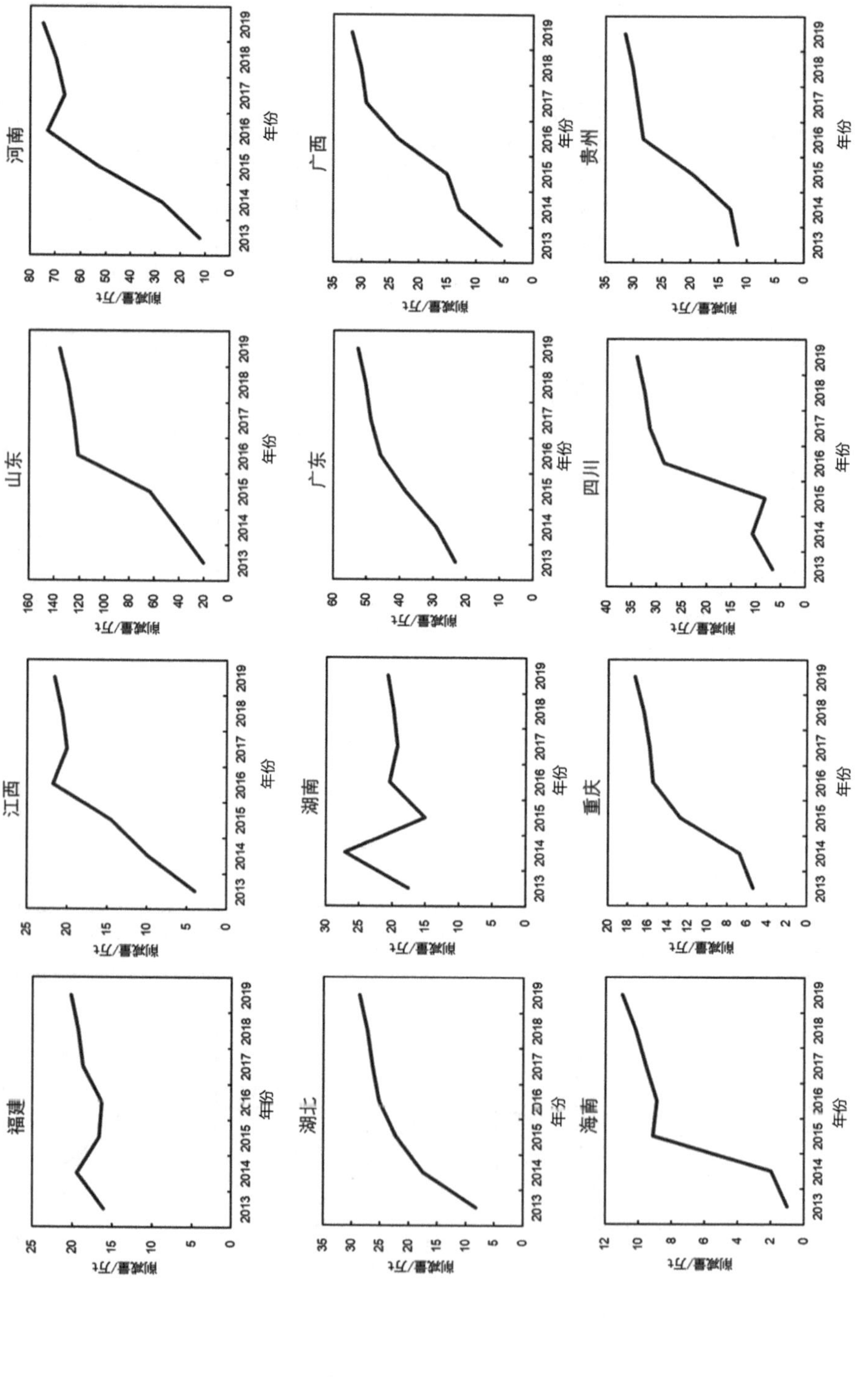

河南
山东
江西
福建
广西
广东
湖南
湖北
贵州
四川
重庆
海南
削减量/万吨
年份

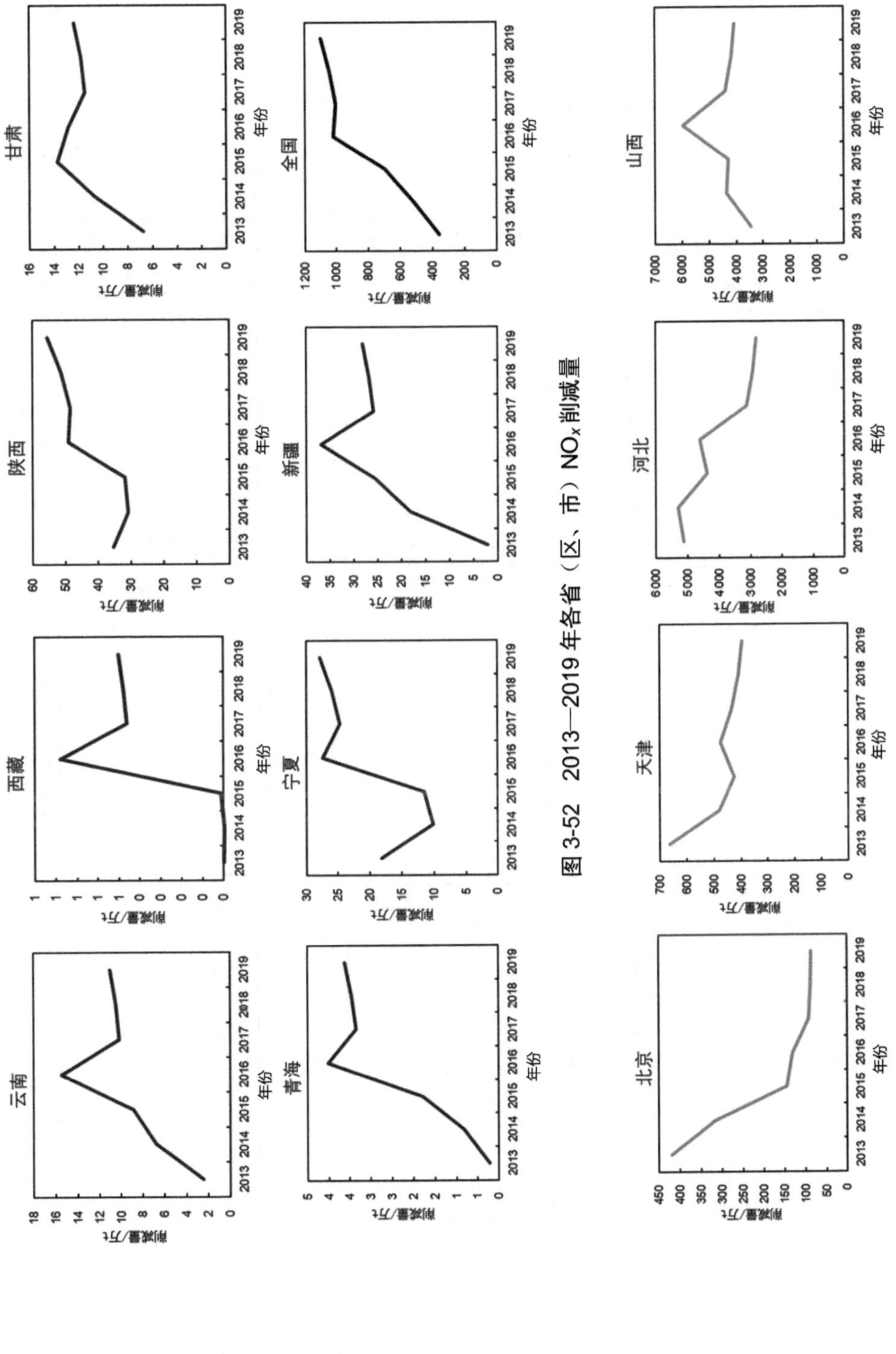

图 3-52 2013—2019 年各省（区、市）NO_x 削减量

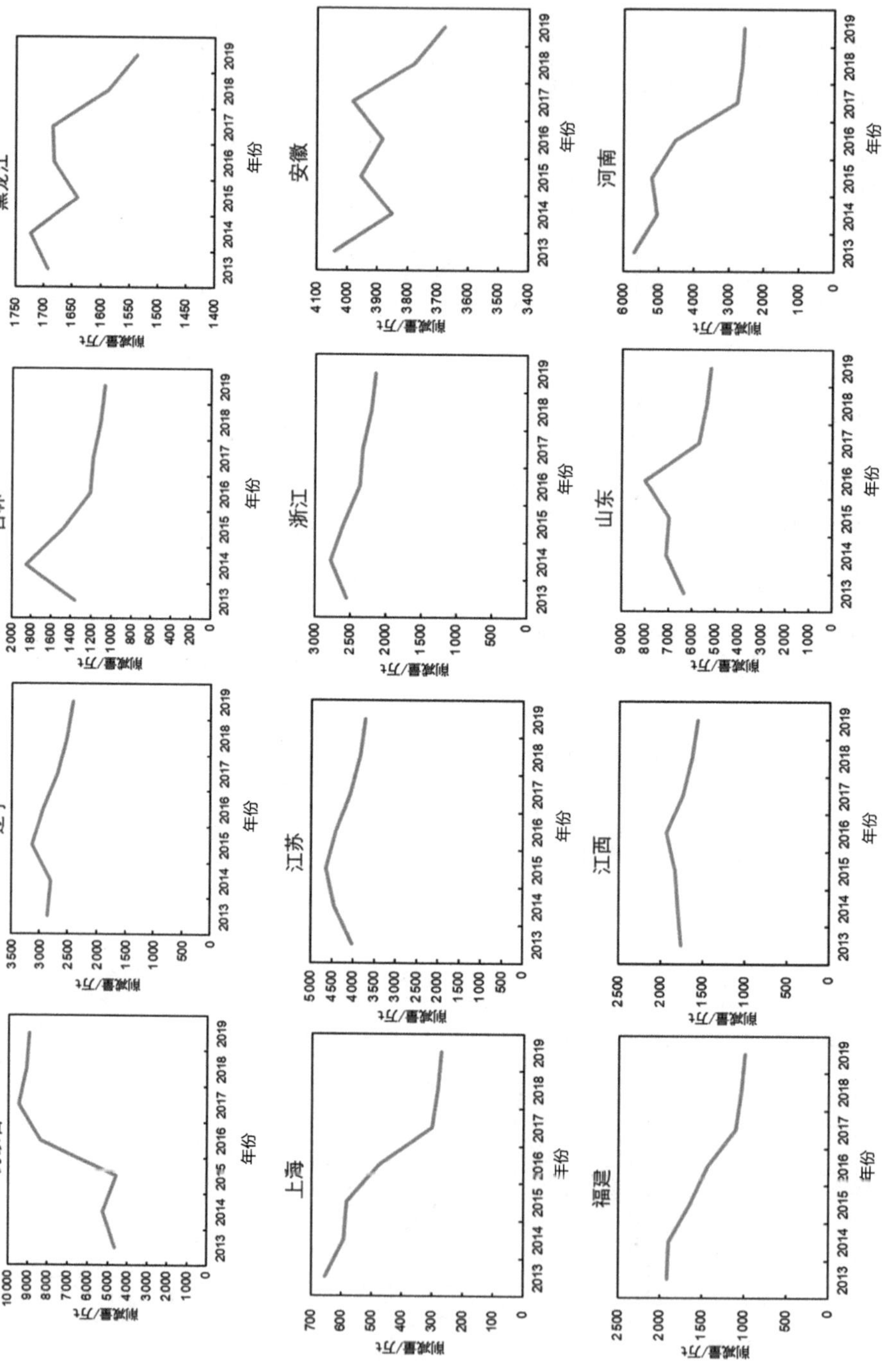
黑龙江
吉林
辽宁
内蒙古
安徽
浙江
江苏
上海
河南
山东
江西
福建
削减量/万t
年份

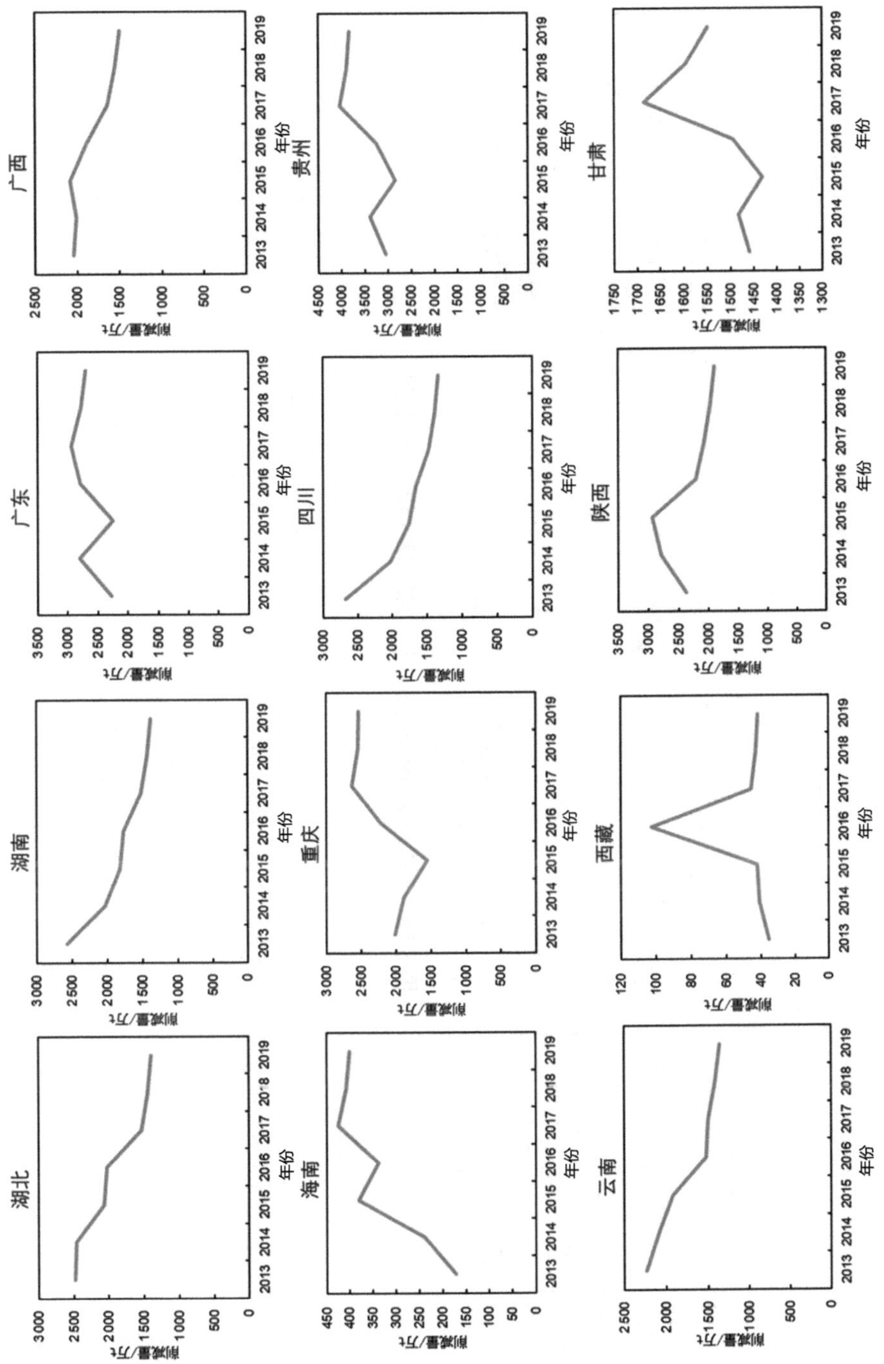
广西
贵州
甘肃
广东
四川
陕西
湖南
重庆
西藏
湖北
海南
云南
年份

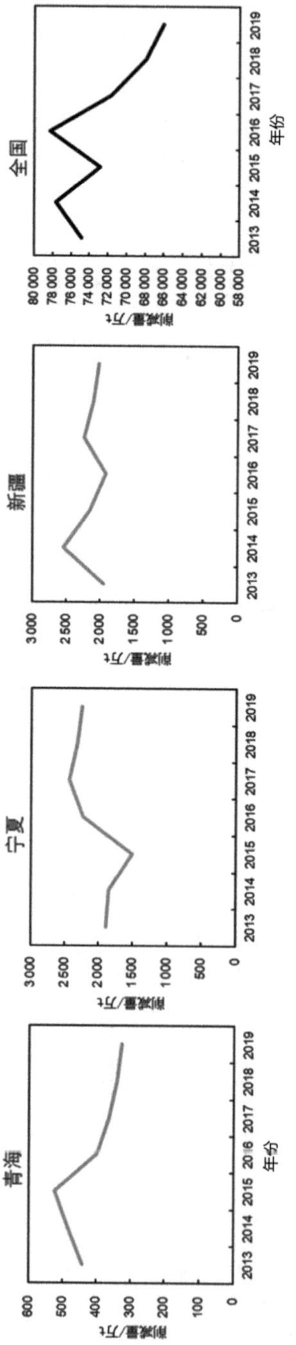

图 3-53 2013—2019 年各省（区、市）烟（粉）尘削减量

3.4.2 全国及重点区域污染治理实际成本

根据单位污染物治理成本和现状年污染物削减量，可以得到2013—2019年的大气污染治理实际成本，核算结果如图3-54所示。结果显示，2013—2019年我国SO_2、NO_x和烟（粉）尘治理成本平均分别为1.1万亿元、0.8万亿元和4.1万亿元，总治理成本平均为5.9万亿元。因烟（粉）尘削减量很高，故成本较高。三种污染物治理总成本在2013—2019年呈波动趋势，2016年最高。

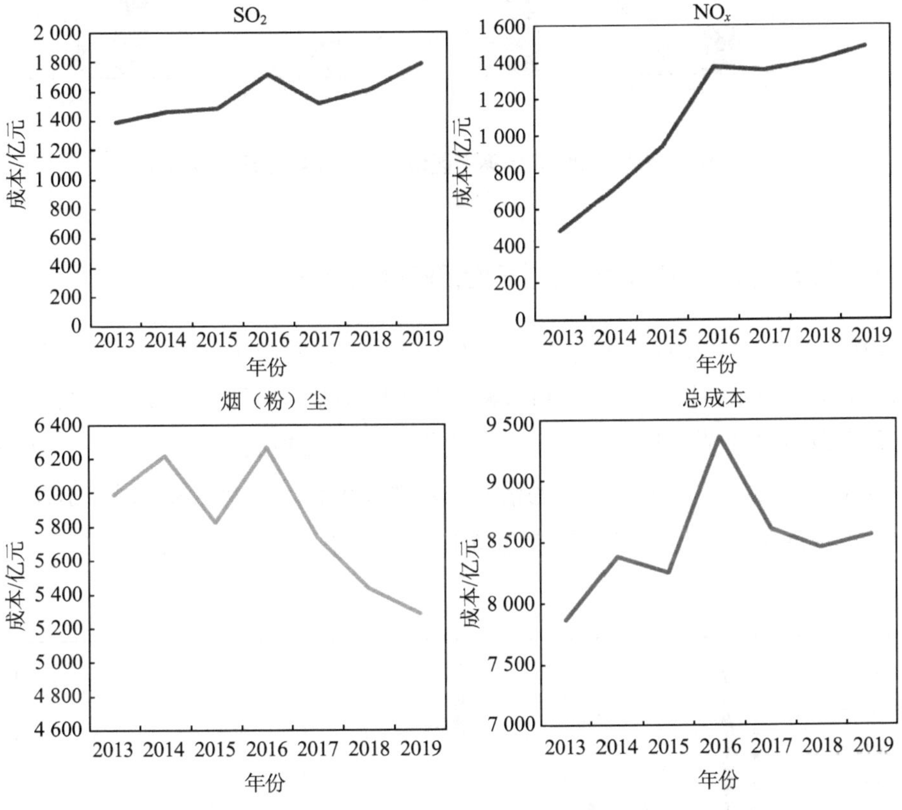

图3-54 2013—2019年重点区域大气污染治理成本

从重点区域来看，2013—2019年京津冀区域、长三角区域、珠三角区域、汾渭平原区域的治理成本分别为3 947亿元、8 952亿元、2 304亿元、5 889亿元，占全国的35.5%，长三角区域治理成本相对较高（图3-55）。

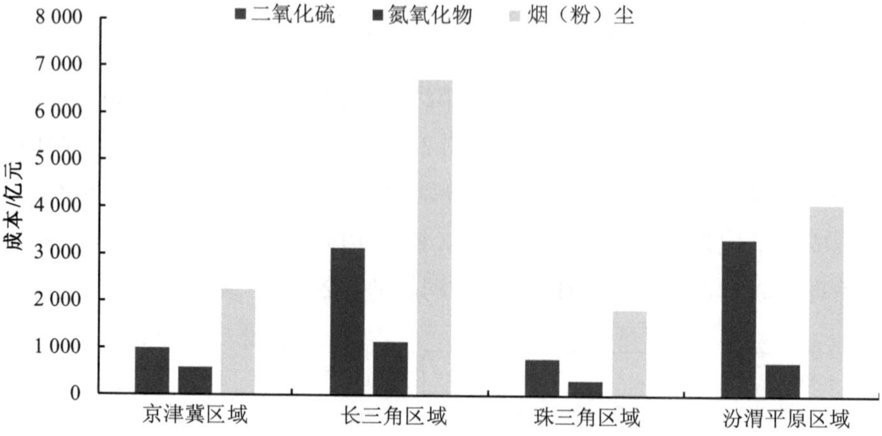

图 3-55　2013—2019 年重点区域大气污染物平均治理成本

3.4.3　各省（区、市）大气污染治理实际成本

2013—2019 年各省（区、市）大气污染治理实际成本，核算结果如图 3-56 所示。空间分布上，以华北地区和内蒙古自治区最多，京津冀区域、山东、山西、河南和内蒙古 7 个省（区、市）集中了全国 1/3 的治理成本。西北地区、西南地区和东北地区的各省（区、市）的治理成本普遍偏低。三种污染物中，NO_x 略高于 SO_2 治理成本，而烟尘治理成本远高于二者，占总处理成本的七成。

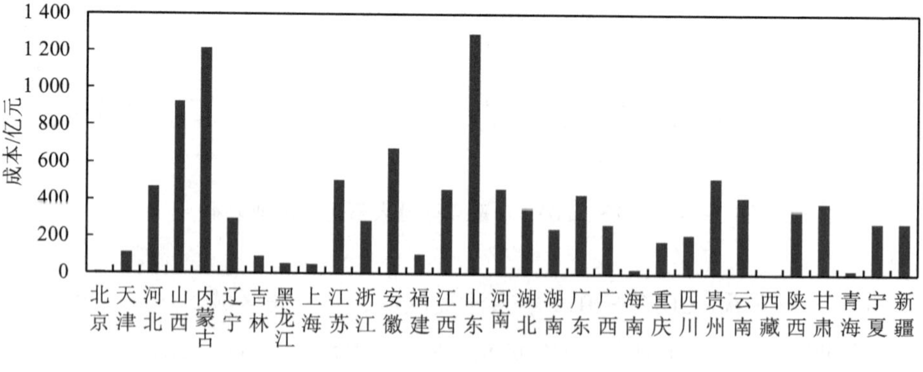

（a）SO_2

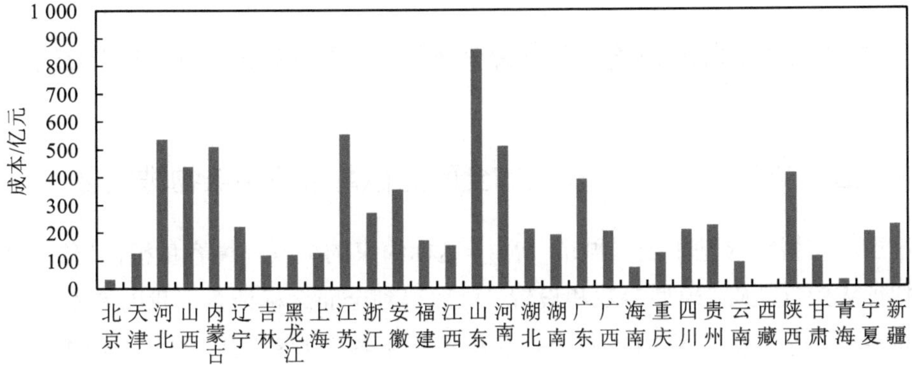

（b）NO_x

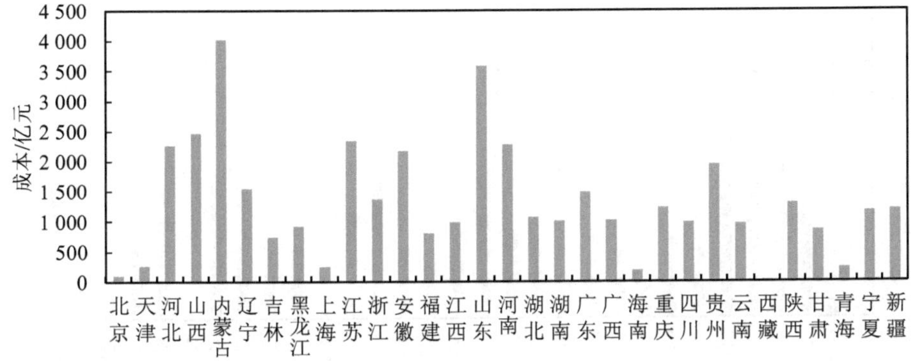

（c）烟（粉）尘

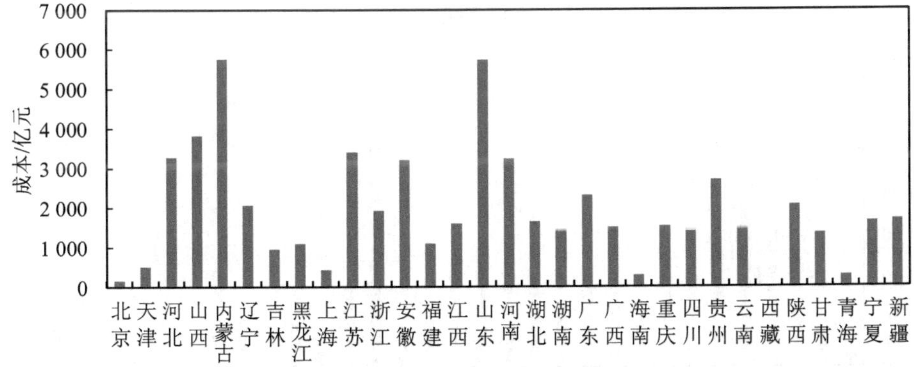

（d）总成本

图 3-56　2013—2019 年全国各省（区、市）大气污染治理成本

3.5 基于全面达标背景下的大气环境治理成本投入需求核算

3.5.1 基于 WRF-CAMx 模型的全面达标背景下污染物排放量

基于薛文博等《基于全国城市 $PM_{2.5}$ 达标约束的大气环境容量模拟研究》成果，根据 WRF-CAMx 模型参数和设置，可以得到全面达标情景下我国 $PM_{2.5}$ 的空间分布特征，进一步得到 2035 年全面达标情景下各省（区、市）的污染物排放量，如图 3-57 所示。

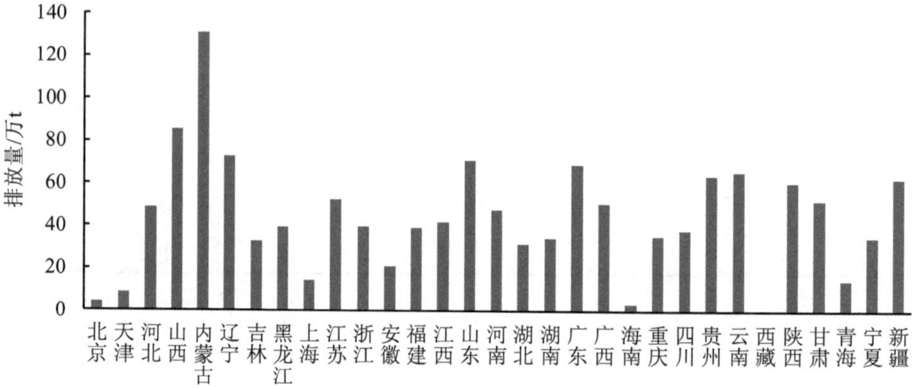

（a）SO_2

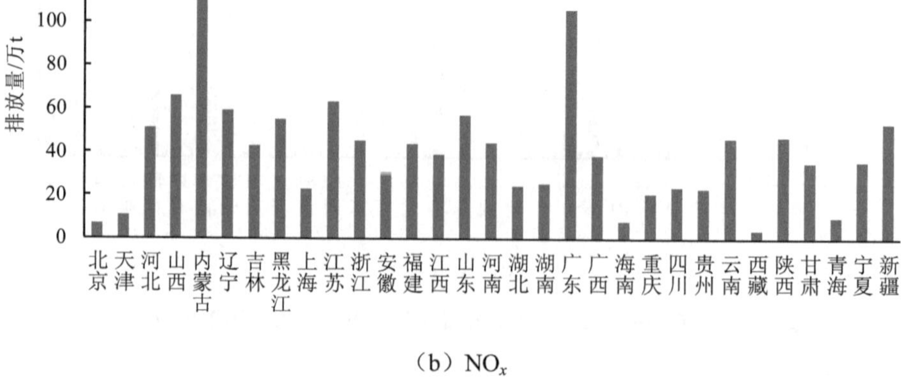

（b）NO_x

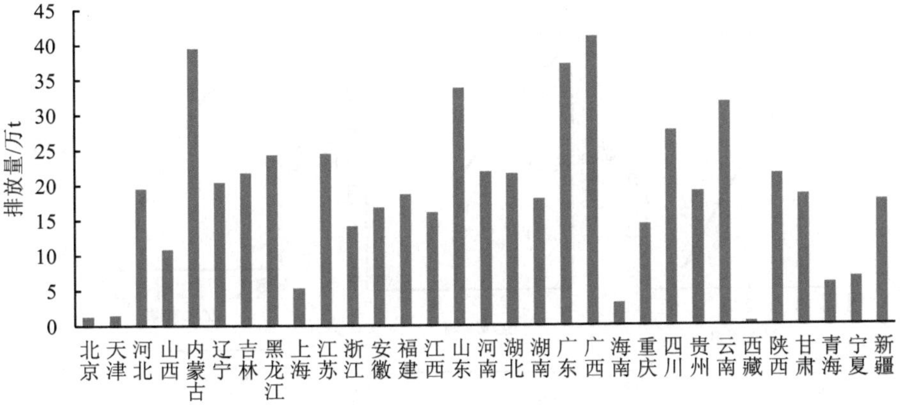

（c）一次 $PM_{2.5}$

图 3-57 全面达标情景下我国各省（区、市）污染物排放量

3.5.2 全面达标情景下污染物削减量

根据数据获取情况，本研究基于 2013—2019 年的各省（区、市）污染物排放量、削减率、产生量，核算得到 2020—2035 年的污染物削减量，以此作为分配基准，计算 2035 年全面达标情景下的各省（区、市）污染物削减量，如下式所示：

$$\mathrm{TR}_i = \mathrm{PR}_i \times r_i = \frac{\mathrm{DI}_i \times r_i}{1 - r_i}, \quad i = 2020, 2021, \cdots, 2035$$

式中，TR_i —— i 年的污染物削减量；

PR_i —— i 年的污染物产生量；

DI_i —— i 年的污染物排放量，若现状污染物排放量已经小于基于全面达标下的污染物环境容量，则 i 年的排放量采用污染物现状排放量，即假设排放量不变；

r_i —— i 年污染物削减率，削减率参考历史平均增长幅度，充分考虑削减率在高值时，增长一个百分点的难度。

其中，污染物削减量=污染物产生量–污染物排放量

由此可以得到 2020—2035 年各省的污染物削减量，如图 3-58、图 3-59 所示。

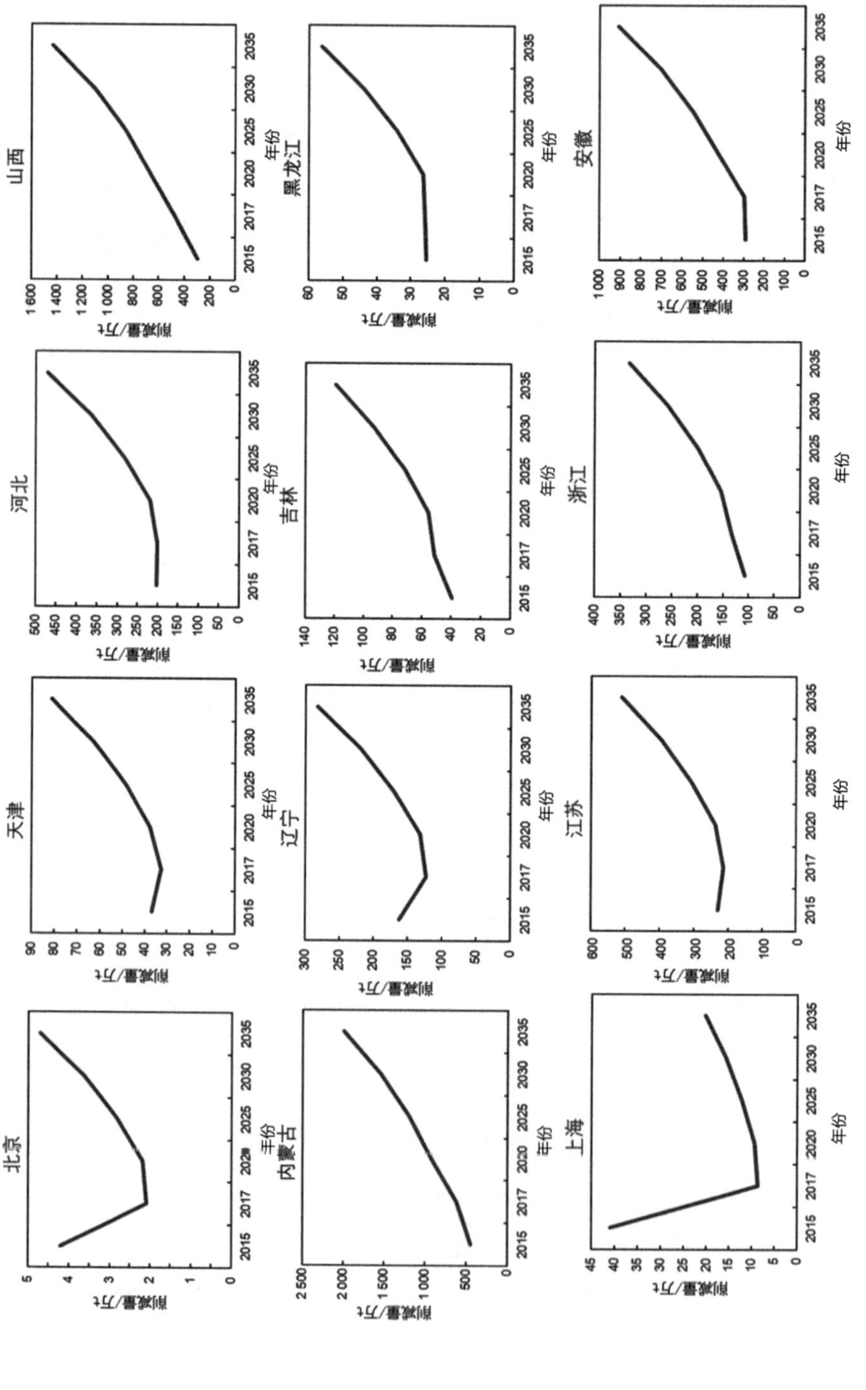
北京
天津
河北
山西
内蒙古
辽宁
吉林
黑龙江
上海
江苏
浙江
安徽
削减量/万t
年份

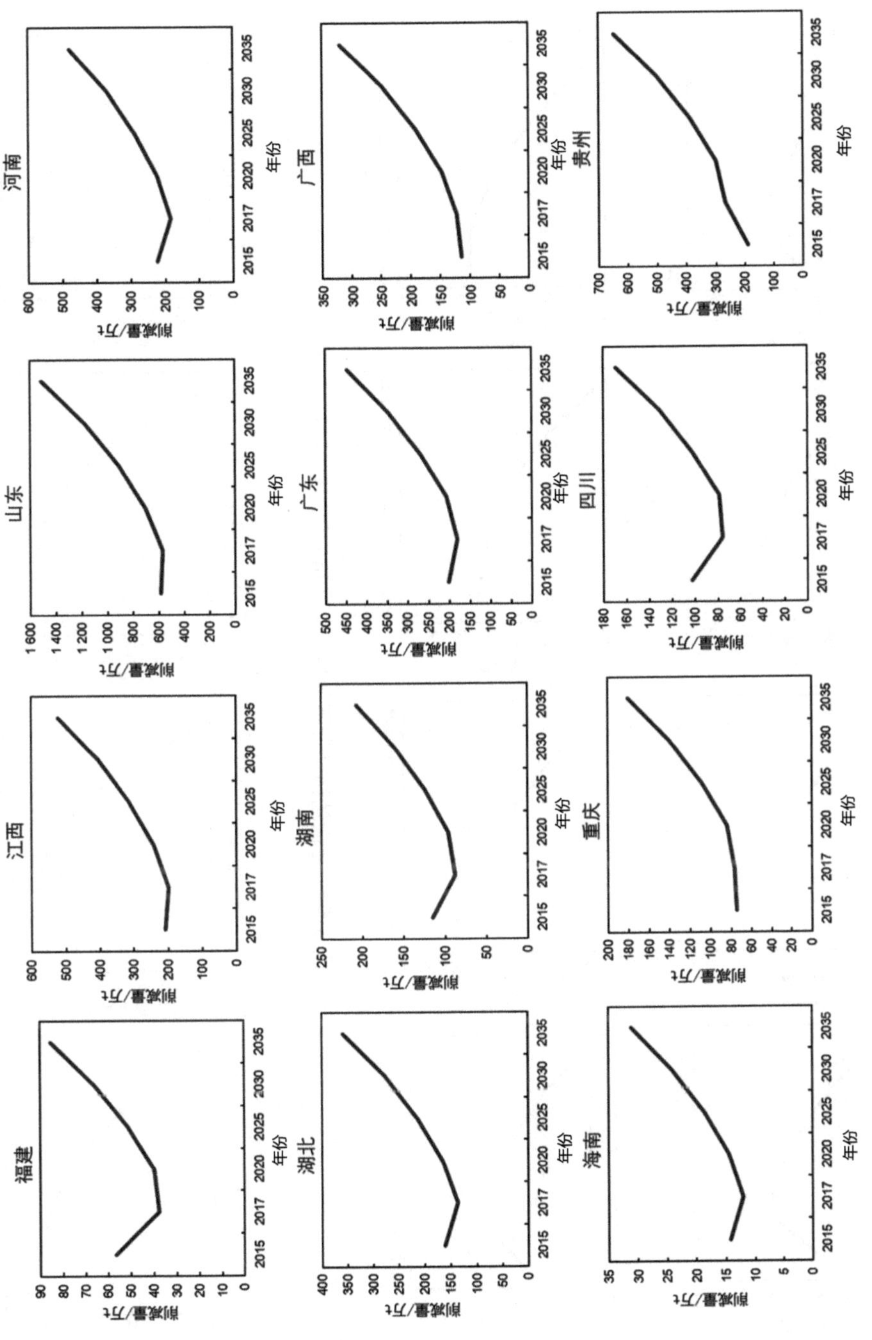
河南
山东
江西
福建
广西
广东
湖南
湖北
贵州
四川
重庆
海南
削减量/万t
年份

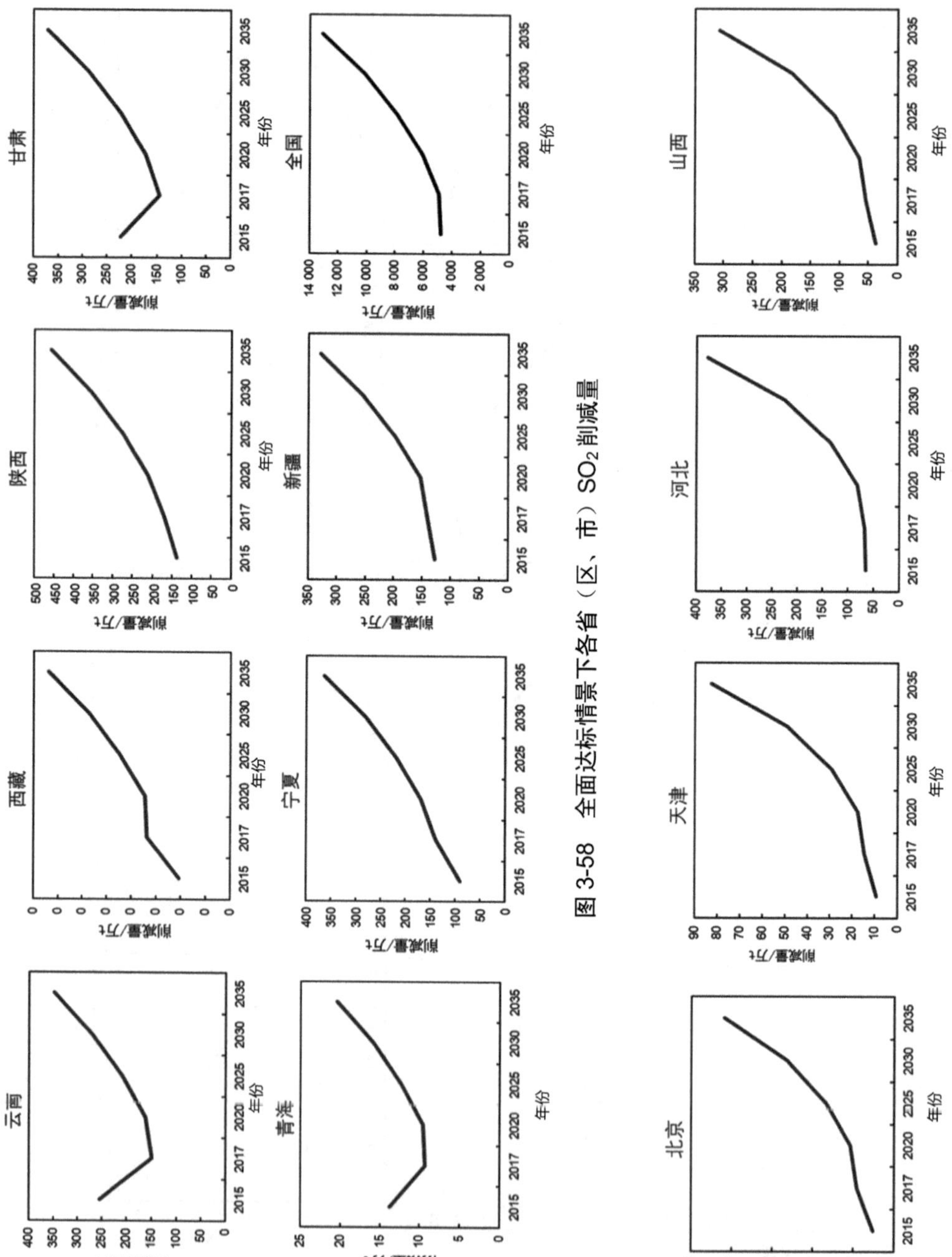

图 3-58 全面达标情景下各省（区、市）SO_2削减量

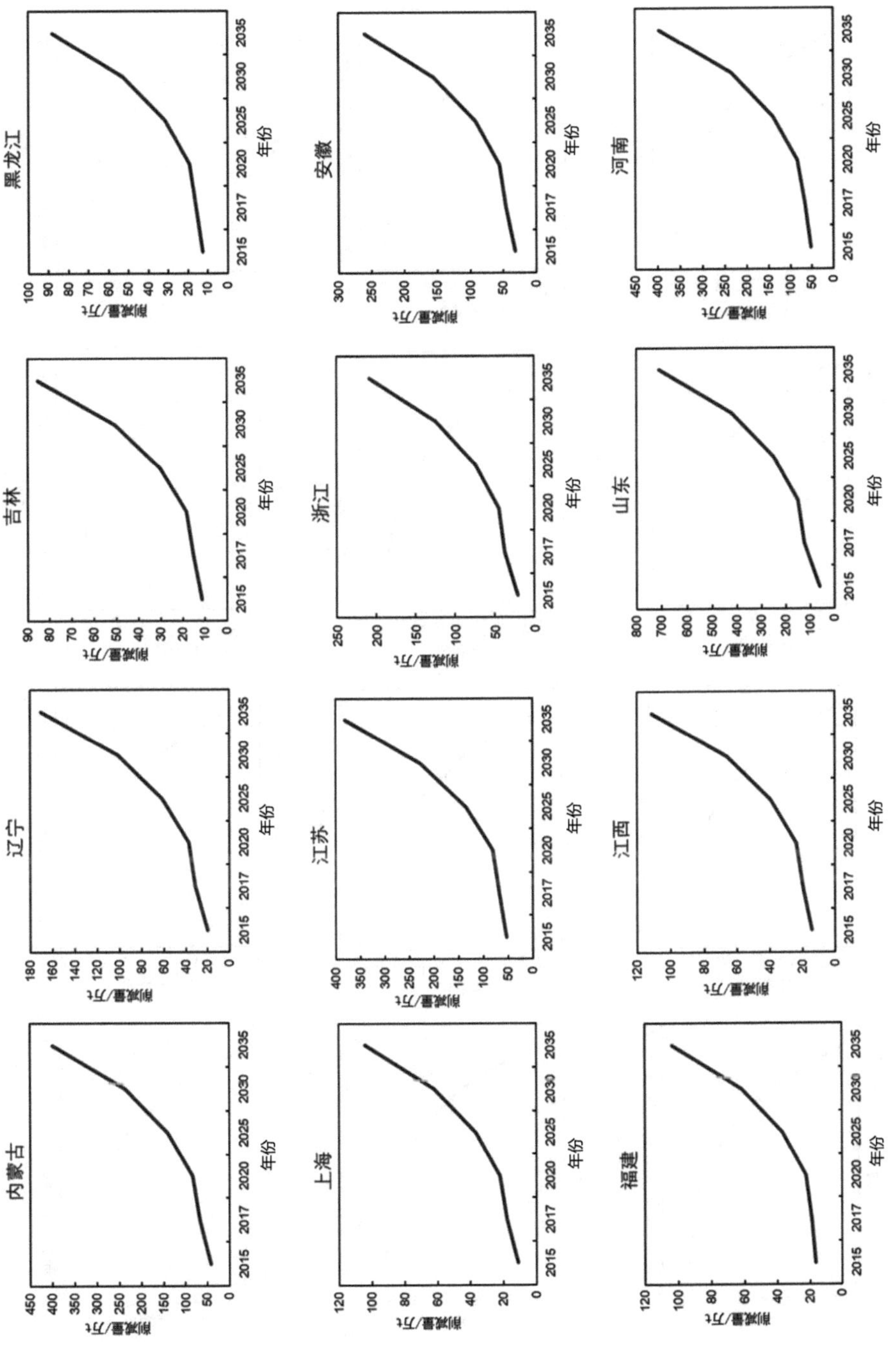
黑龙江
吉林
辽宁
内蒙古
安徽
浙江
江苏
上海
河南
山东
江西
福建
年份
削减量/万t

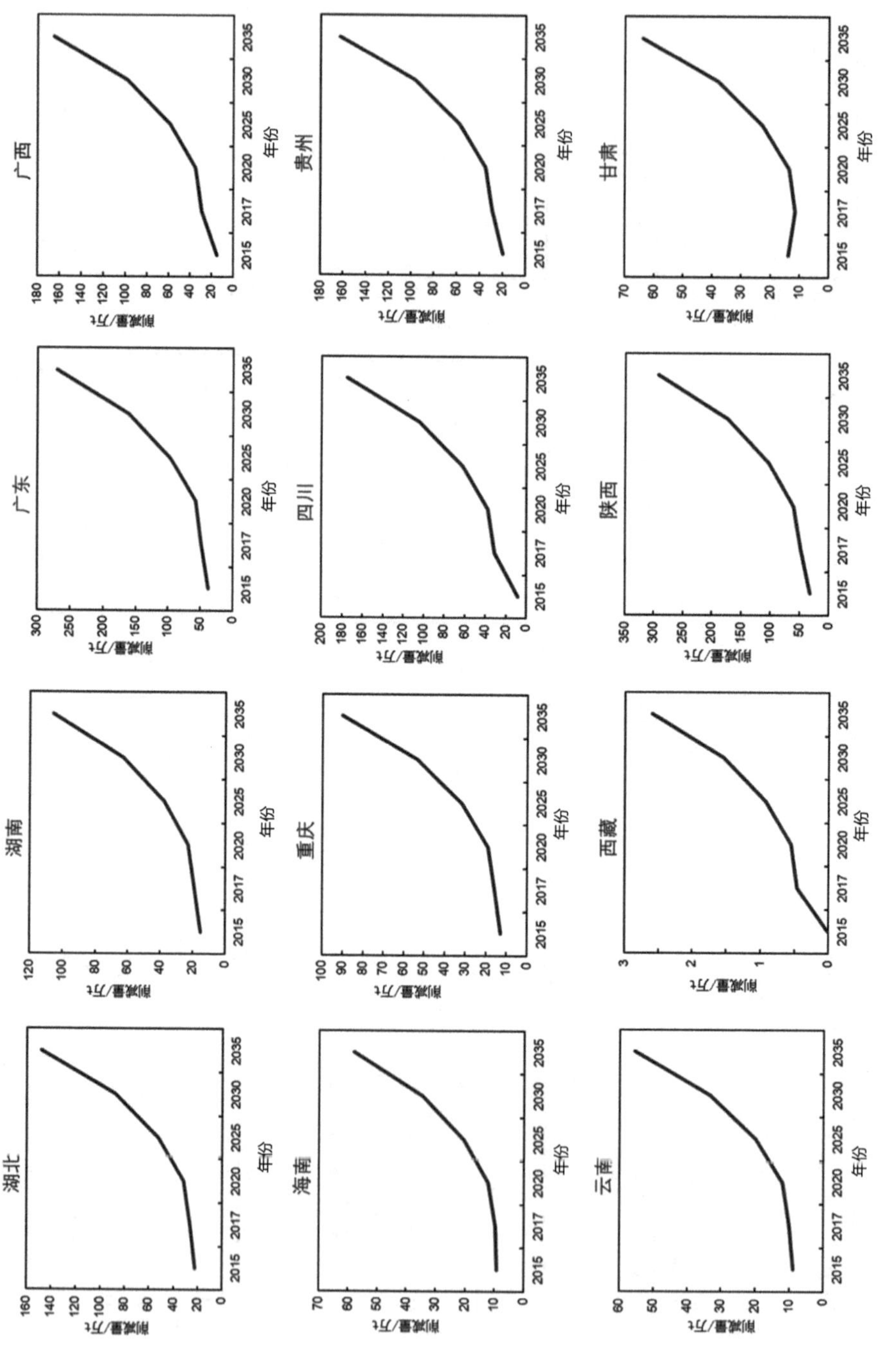
湖北
湖南
广东
广西
海南
重庆
四川
贵州
云南
西藏
陕西
甘肃
削减量/万t
年份

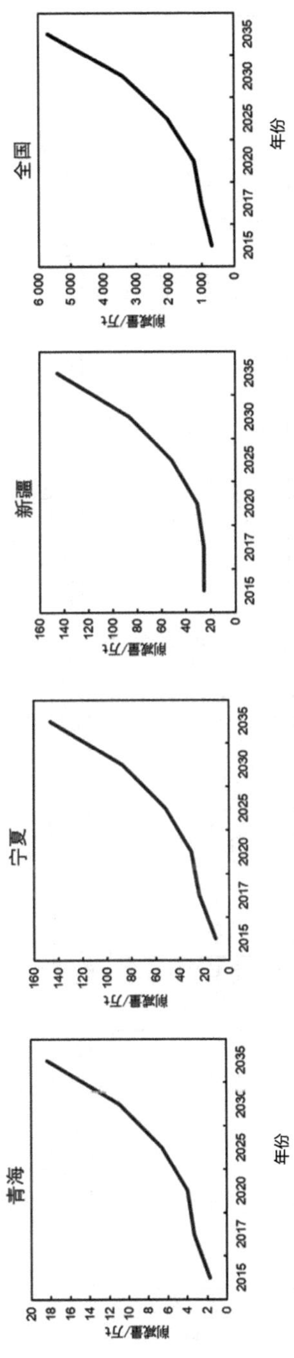

图 3-59 全面达标情景下各省（区、市）NO_x削减量

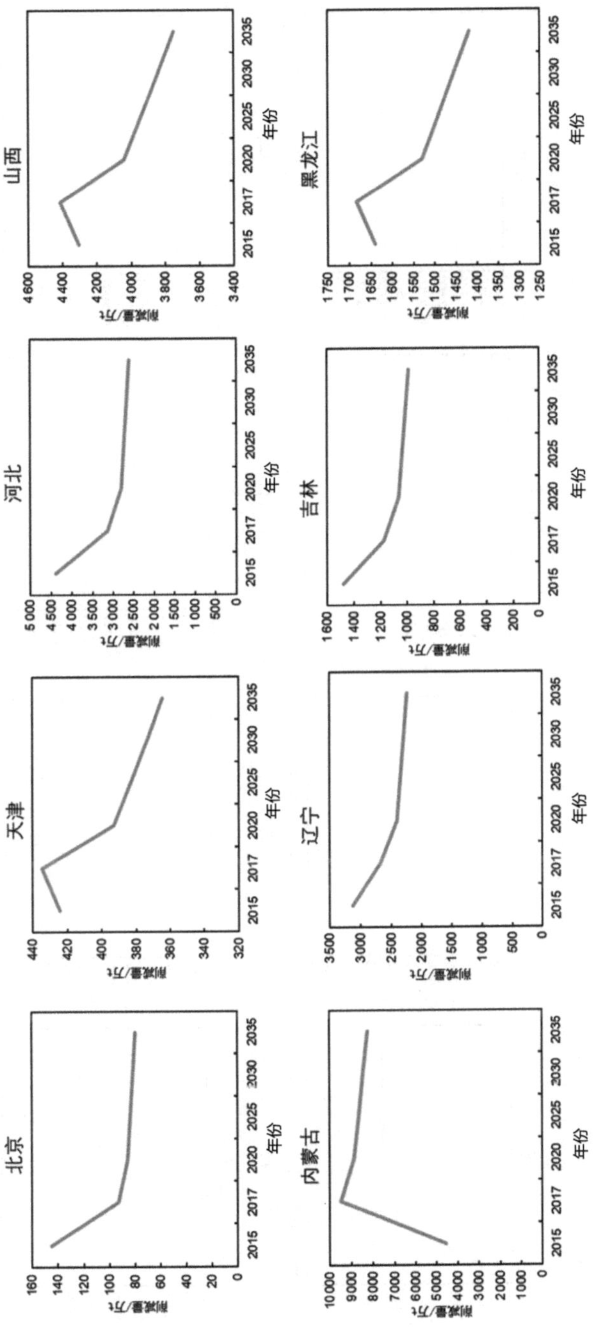

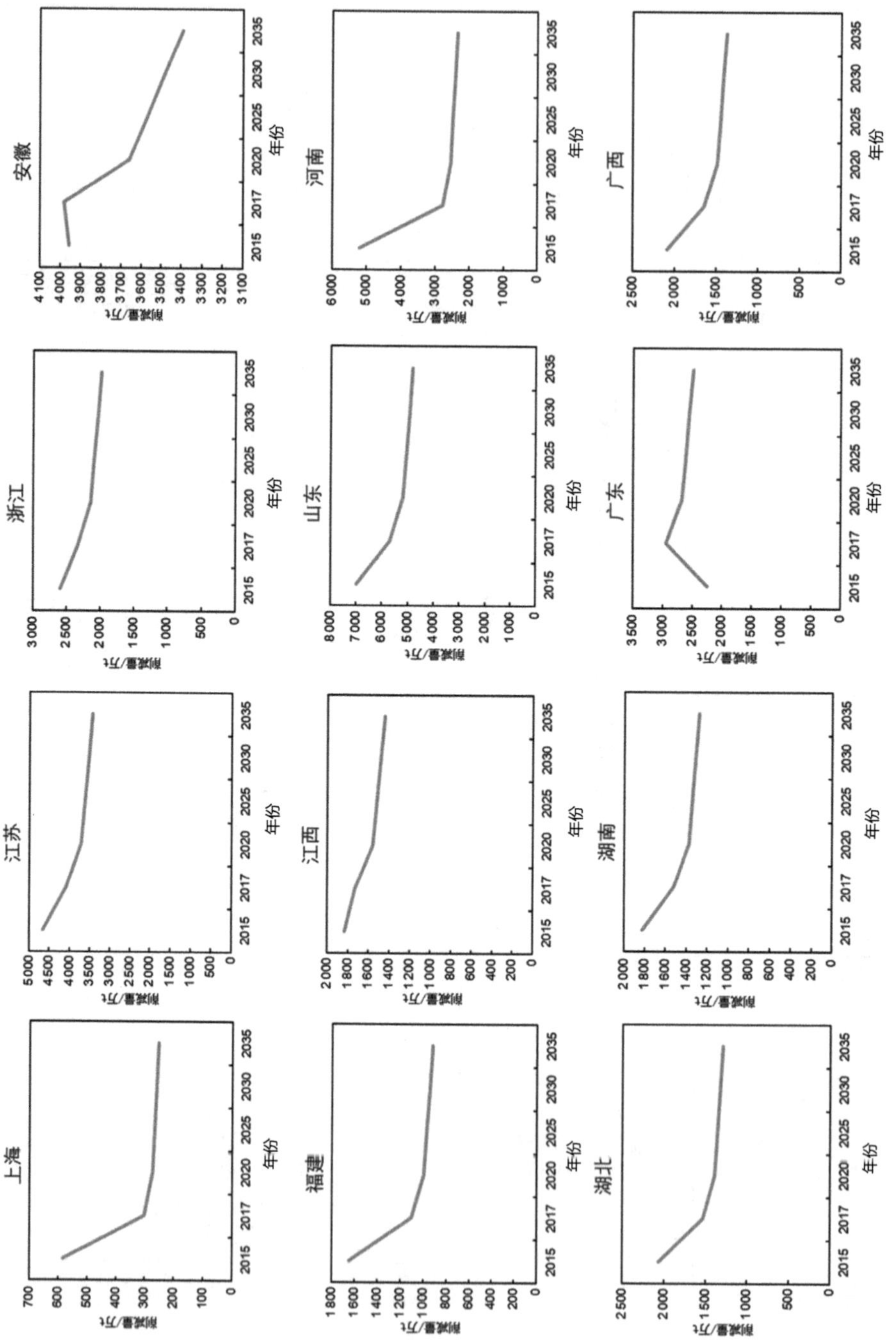
安徽
浙江
江苏
上海
河南
山东
江西
福建
广西
广东
湖南
湖北
年份

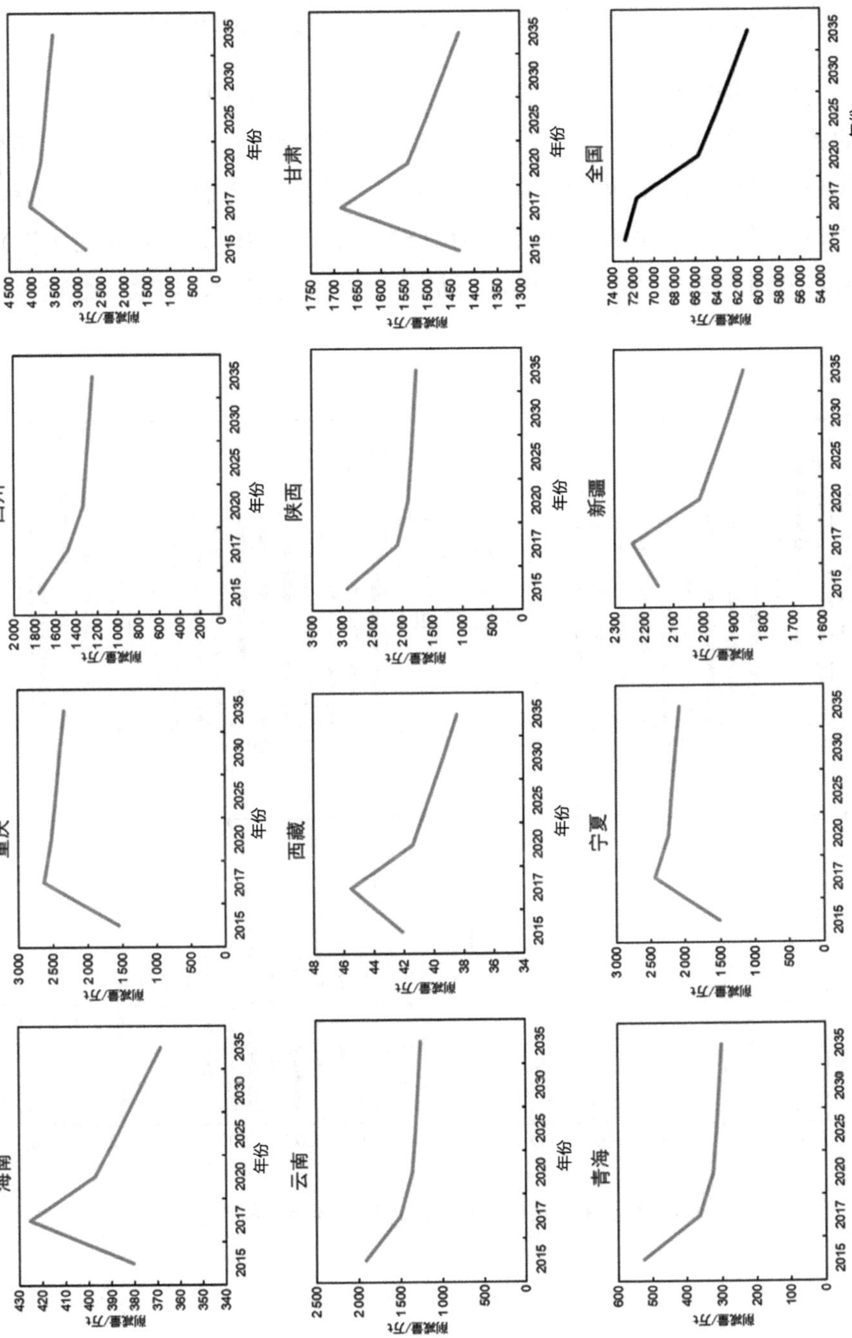

图 3-60　全面达标情景下各省（区、市）烟（粉）尘削减量

3.5.3 基于全面达标情景下的大气污染治理投入需求分析

根据单位污染物治理成本计算法，可以确定在全面达标情景下，基于治理成本法的各省（区、市）大气污染治理投入，如图 3-61 所示。由核算结果可知，2020—2035 年全国大气污染治理需求为 14.10 万亿元，考虑 8%的年贴现率[①]，2020—2035 年全国大气污染治理需求为 7.52 万亿元，SO_2、NO_x和烟（粉）尘的治理需求分别为 2.31 万亿元、0.68 万亿元和 4.52 万亿元，烟尘（细颗粒物）

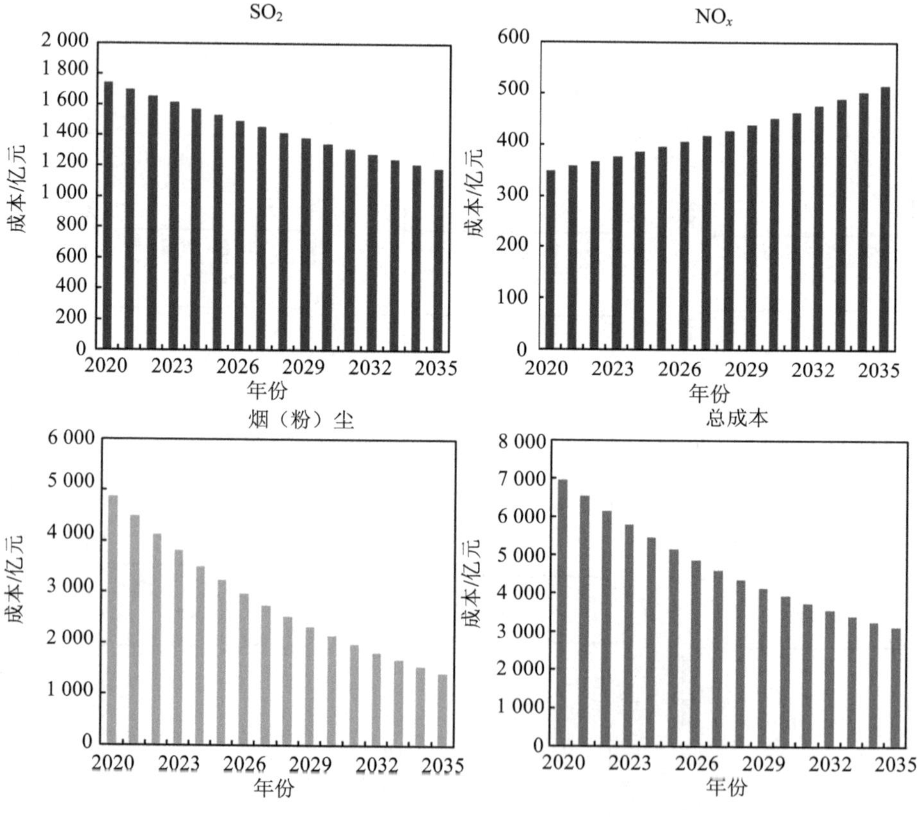

图 3-61　基于全面达标情景下的大气污染治理投入需求

① 后续提到的数据均为贴现后的数据。

的治理成本依然最高。在未考虑贴现的情况下，三种污染物的投入需求均为上升趋势，但考虑贴现之后，SO_2、烟（粉）尘和总投入需求呈下降趋势，NO_x治理未来呈上升趋势。

从重点区域来看，2020—2035 年京津冀区域、长三角区域、珠三角区域、汾渭平原区域的治理需求分别为 3 825 亿元、11 013 亿元、2 962 亿元、8 149 亿元，占全国的 34.5%，长三角区域治理需求较高（图 3-62）。

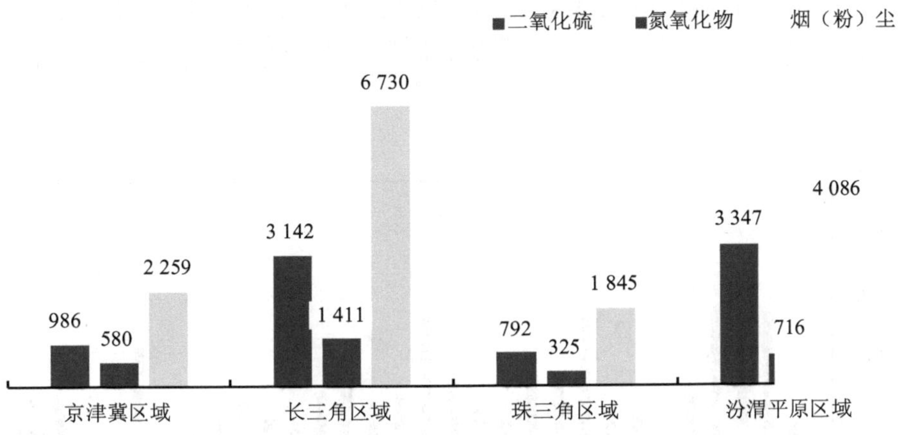

图 3-62 基于全面达标情景下的重点区域大气污染治理投入需求（单位：亿元）

3.5.4 全国各省（区、市）投入需求分析

2020—2035 年各省（区、市）大气污染治理投入需求，核算结果如图 3-63 所示。从省（区、市）来看，以内蒙古自治区投入需求最高，达到 2.77 万亿元，加上山东、山西、安徽、贵州、江苏，6 省集中了全国 45%的治理需求。西北地区、西南地区和东北地区的各省（区、市）的治理成本普遍偏低。三种污染物中，SO_2 高于 NO_x 治理成本，而烟（粉）尘治理成本远高于二者，占总处理成本的八成，这是因为烟（粉）尘虽然单位治理成本较低，但是其削减量很高。

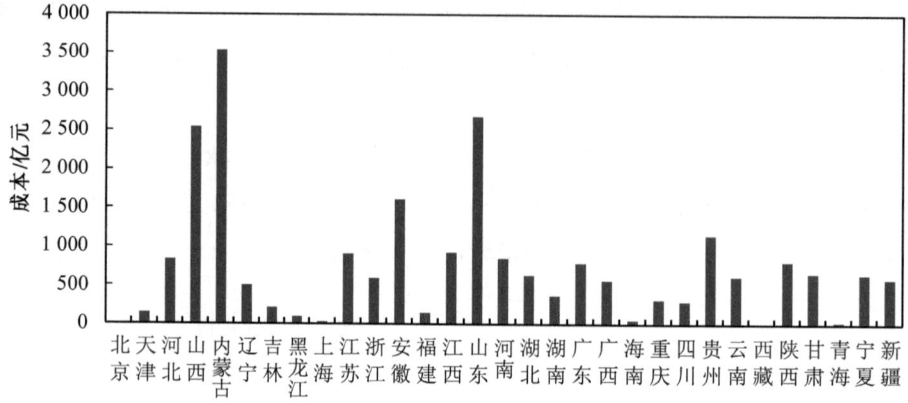

（a）SO_2

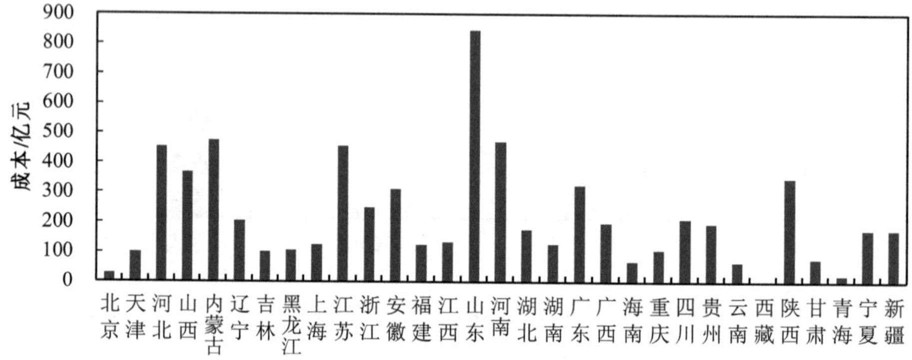

（b）NO_x

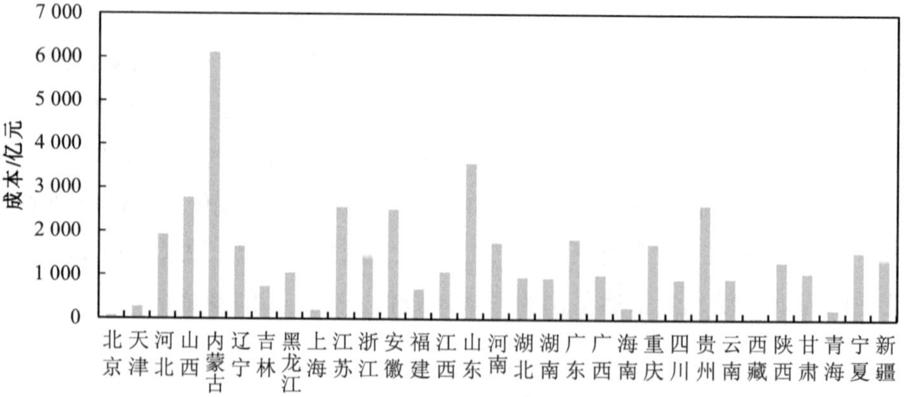

（c）烟（粉）尘

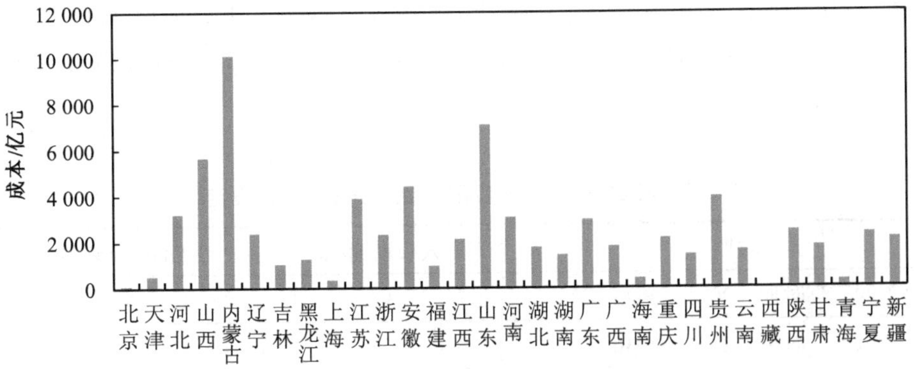

（d）总成本

图 3-63 基于全面达标情景下的各省（区、市）大气污染治理投入需求

3.6 基于全面达标情景下的大气环境质量改善效益核算

基于大气污染健康损失核算方法，对 2035 年我国实现美丽中国建设目标后的大气污染造成的损失进行核算，并以基准年（2019 年）与达标年（2035 年）大气污染造成的损失的差值，作为 2019—2035 年我国施行大气污染控制措施产生的效益。

3.6.1 基于大气环境经济核算体系计算结果

3.6.1.1 全面达标情景下的大气污染造成的损失核算

根据 SO_2 目前的减排趋势，到 2035 年 SO_2 将全部达到二级标准，且酸雨在全国范围内全部消除，不会对农业和室外建筑材料造成损失，在全面达标情景下仅有细颗粒物造成不同程度的大气污染造成的损失。根据清洁成本的核算方法，在全面达标的 $PM_{2.5}$ 浓度下，将不产生额外的清洁成本，因此全面达标情景下的大气污染仅有人体健康损失成本，包括过早死亡损失、相关疾病住院损失和失能损失。需要说明的是，在 2019 年已经有一些城市达到“全面达标”的水平，因此在 2035 年设定这些在基准年已达标的城市 $PM_{2.5}$ 浓度保持基准年水平不变。

根据《中华人民共和国国民经济和社会发展第十四个五年规划和2035年远景目标纲要》和我国第七次人口普查结果，对未来我国社会经济发展规模做出如下假设（表3-3）。

表3-3 2021—2035年我国社会经济发展规模设定

时期	人口增速/%	GDP增速/%
“十四五”时期（2021—2025年）	3.6	6.5
“十五五”时期（2026—2030年）	1.8	5.5
“十六五”时期（2030—2035年）	−0.1	5.0

根据表3-3的假设，得到全面达标年（2035年）我国的大气污染损失结果。根据核算，2035年我国大气污染损失成本为57 803.03亿元（当年价）。以8%折现率折现至基准年（2019年），则2035年我国大气污染损失成本为16 872.15亿元，其中过早死亡损失成本为16 610.67亿元（占比为99.9%），相关疾病住院损失成本15.03亿元，失能损失成本246.45亿元。各省（区、市）大气污染损失成本核算结果如图3-64所示。

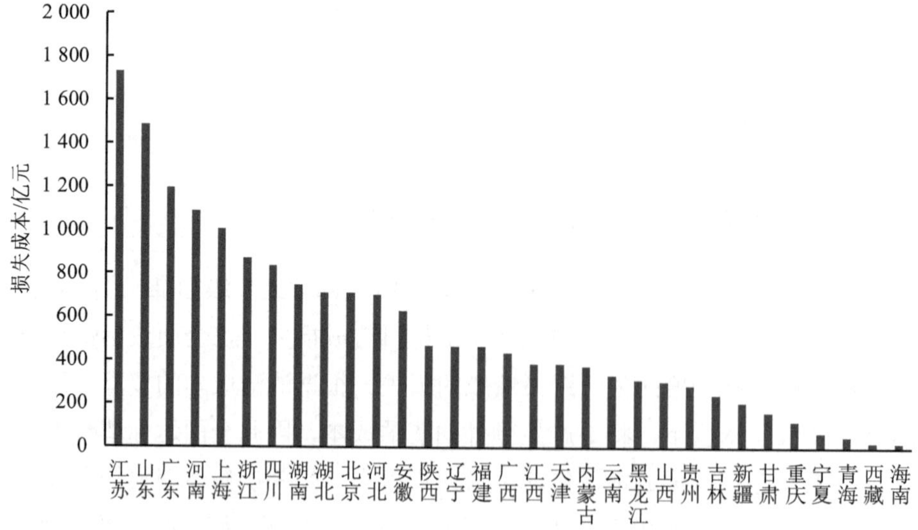

图3-64 2035年各省（区、市）大气污染损失成本（折现至2019年）

3.6.1.2 大气污染防治效益核算

将基准年（2019 年）与折现至基准年的达标年（2035 年）大气污染造成的损失成本相减，即得到 2019—2035 年我国大气污染控制产生的效益，如图 3-65 所示。根据核算结果，在达标年我国大气污染造成的损失成本已降至基准年的接近一半，我国 2019—2035 年大气污染控制产生的效益为 18267.65 亿元。在达标年人口有一定增长的情况下，过早死亡人数降低了 46.12 万人。从省（区、市）来看，广东、江苏、河南、浙江和重庆的环境效益较大。

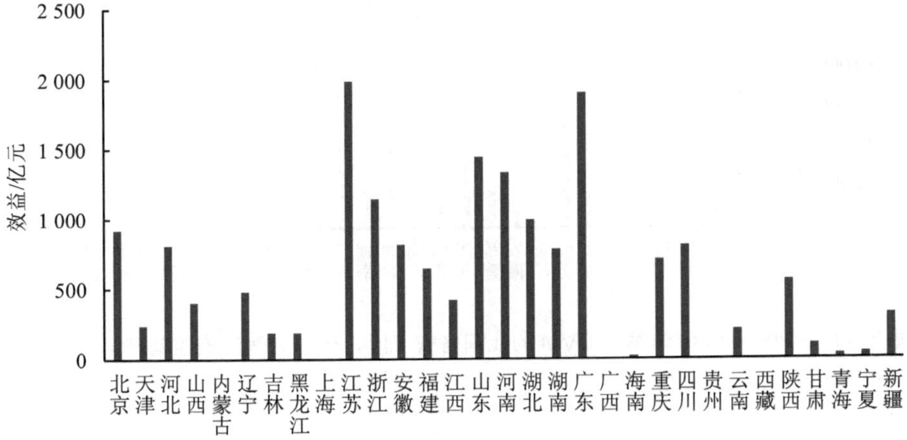

图 3-65 2019—2035 年我国各省（区、市）大气污染控制产生的效益

3.6.2 基于 CVM 计算效益结果

假设 2019—2035 年每年浓度变化值相同，计算公式如下：

损失成本=CVM 值［元/（μg·a·人）］×（当年浓度−上一年浓度）×

城市总人口×（年份−2019）/（1+贴现率）$^{(年份-2020)}$

其中，贴现率选择 8%。

基于 CVM 计算得到的 2019—2035 年我国大气污染控制产生的效益，如图 3-66 所示。根据核算结果，我国 2019—2035 年基于 CVM 计算得到的大气污染控制产生的效益为 112.339 万亿元，是基于大气环境经济核算体系计算效益的

61 倍。从省（区、市）来看，河南、山东、河北、江苏、安徽的环境效益较大。

基于 CVM 计算结果较高的原因在于每改善 1 μg 的支付意愿是按年计算的，即 2020 年改善的浓度的支付意愿会从 2020 年一直支付到 2035 年。原则上来说，与基于大气环境经济核算体系计算的结果不可比。若只看 2035 年一年，基于 CVM 计算效益为 85 742 亿元，是基于大气环境经济核算体系计算的结果（18 267 亿元）的 4.7 倍。

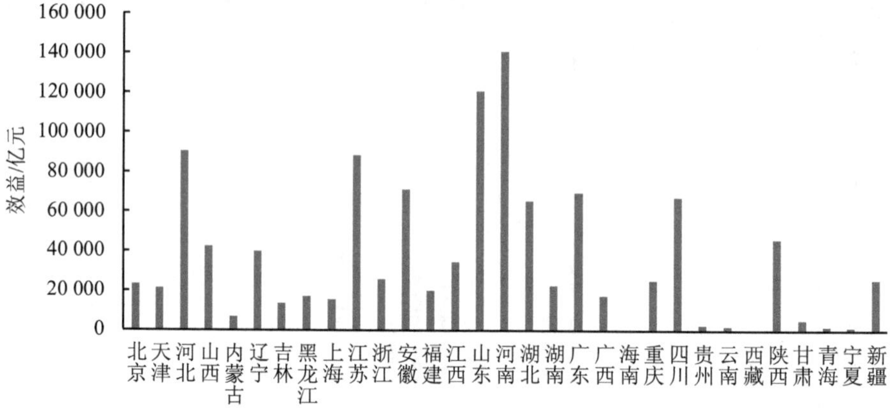

图 3-66 2019—2035 年基于 CVM 的我国各省（区、市）大气污染控制产生的效益

3.7 基于大气环境质量的环境经济核算结果综合分析

3.7.1 大气污染造成的损失成本综合分析

2013—2019 年全国单位 GDP 的大气污染造成的损失成本总体呈现先下降后稳定的变化趋势，2019 年全国大气污染造成的损失成本占 GDP 的比重为 3.57%，较 2013 年下降 34.28%。从省级层面来看，2013—2019 年全国 31 个省（区、市）中仅湖南大气污染造成的损失成本占 GDP 的比重有所增长，增长率为 171%；除此之外，上海、湖北、海南、四川、贵州、西藏、宁夏等年际大气污染造成的损失成本占 GDP 的比重变化幅度较大，在个别年份均出现大气污染造成的损失成本占 GDP 的比重明显增长现象（图 3-67）。

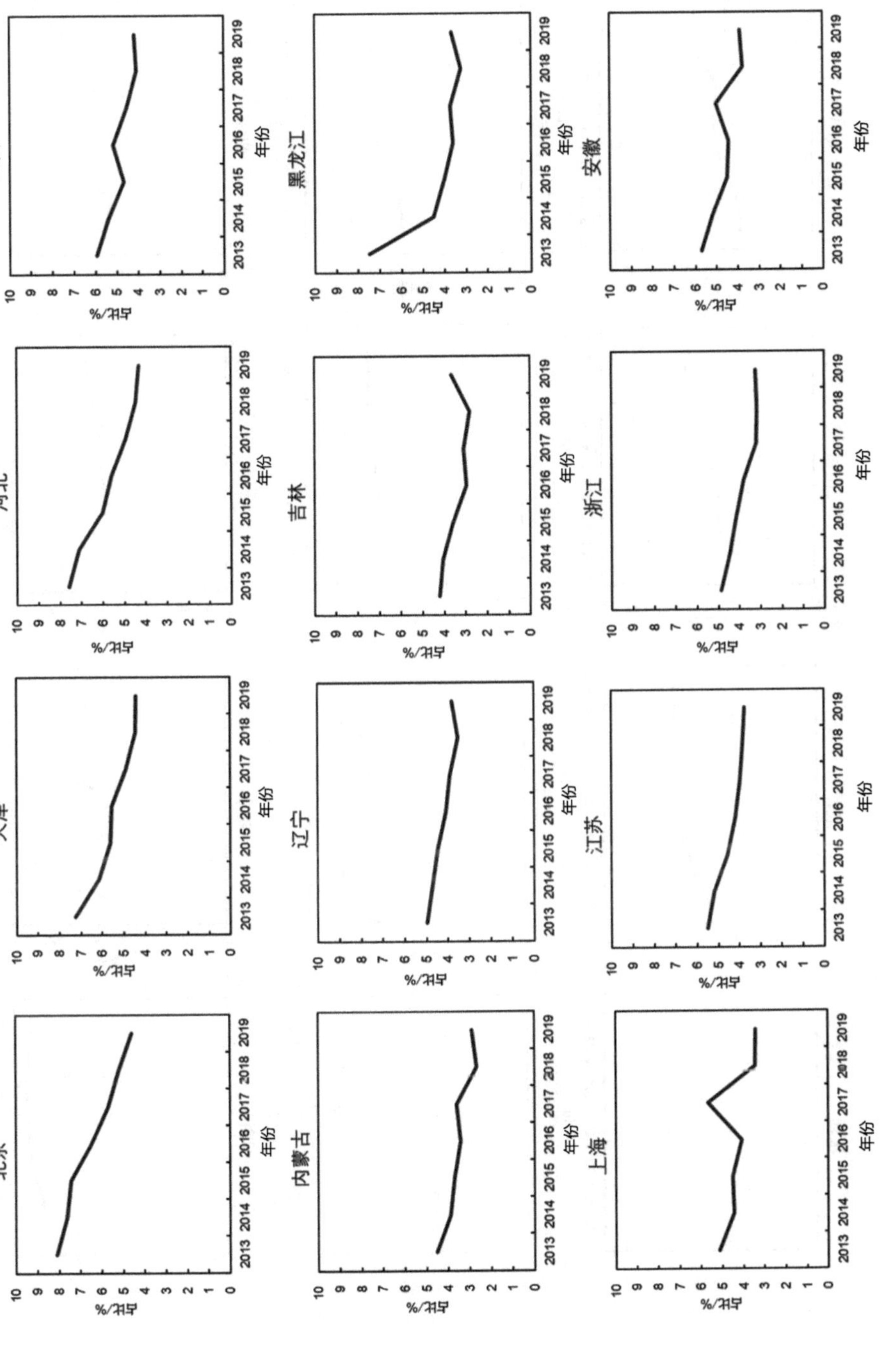
北京
天津
河北
山西
内蒙古
辽宁
吉林
黑龙江
上海
江苏
浙江
安徽
占比/%
年份

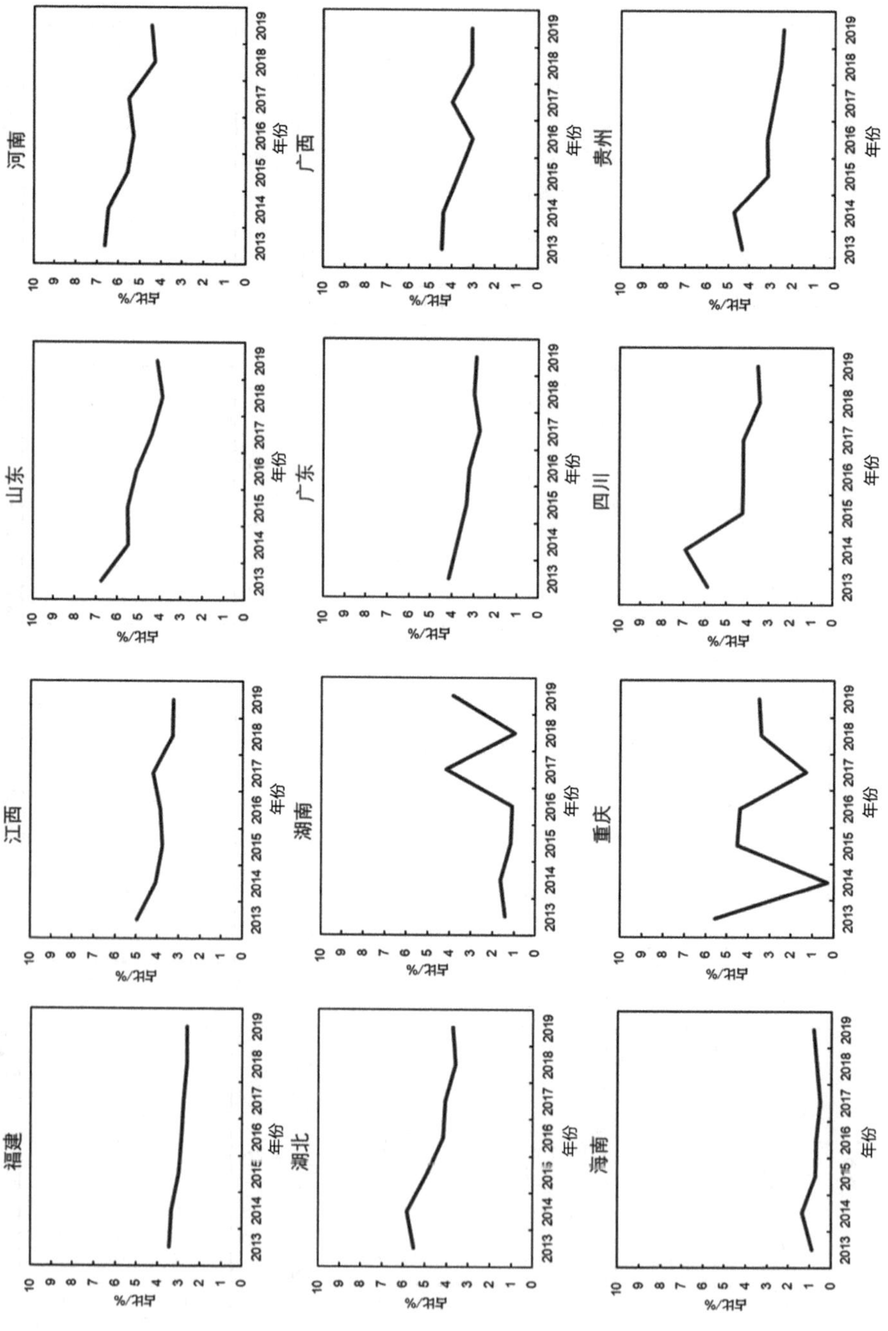
河南
山东
江西
福建
广西
广东
湖南
湖北
贵州
四川
重庆
海南
年份
占比/%

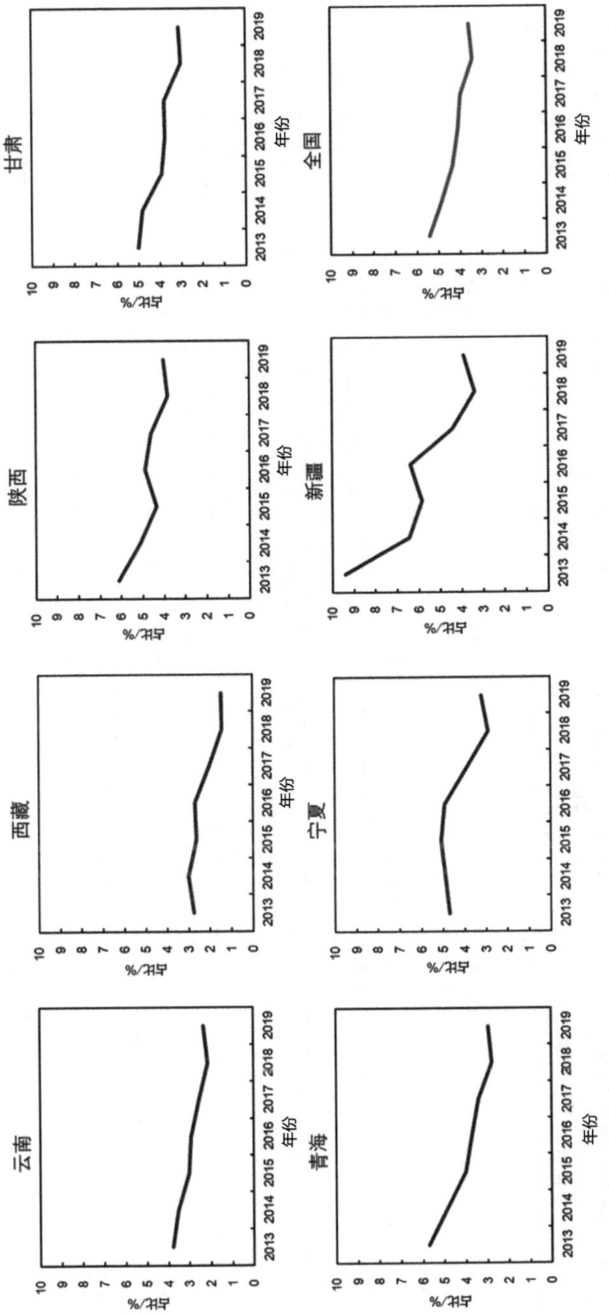

图 3-67 2013—2019 年各省（区、市）大气污染造成的损失成本占 GDP 的比重

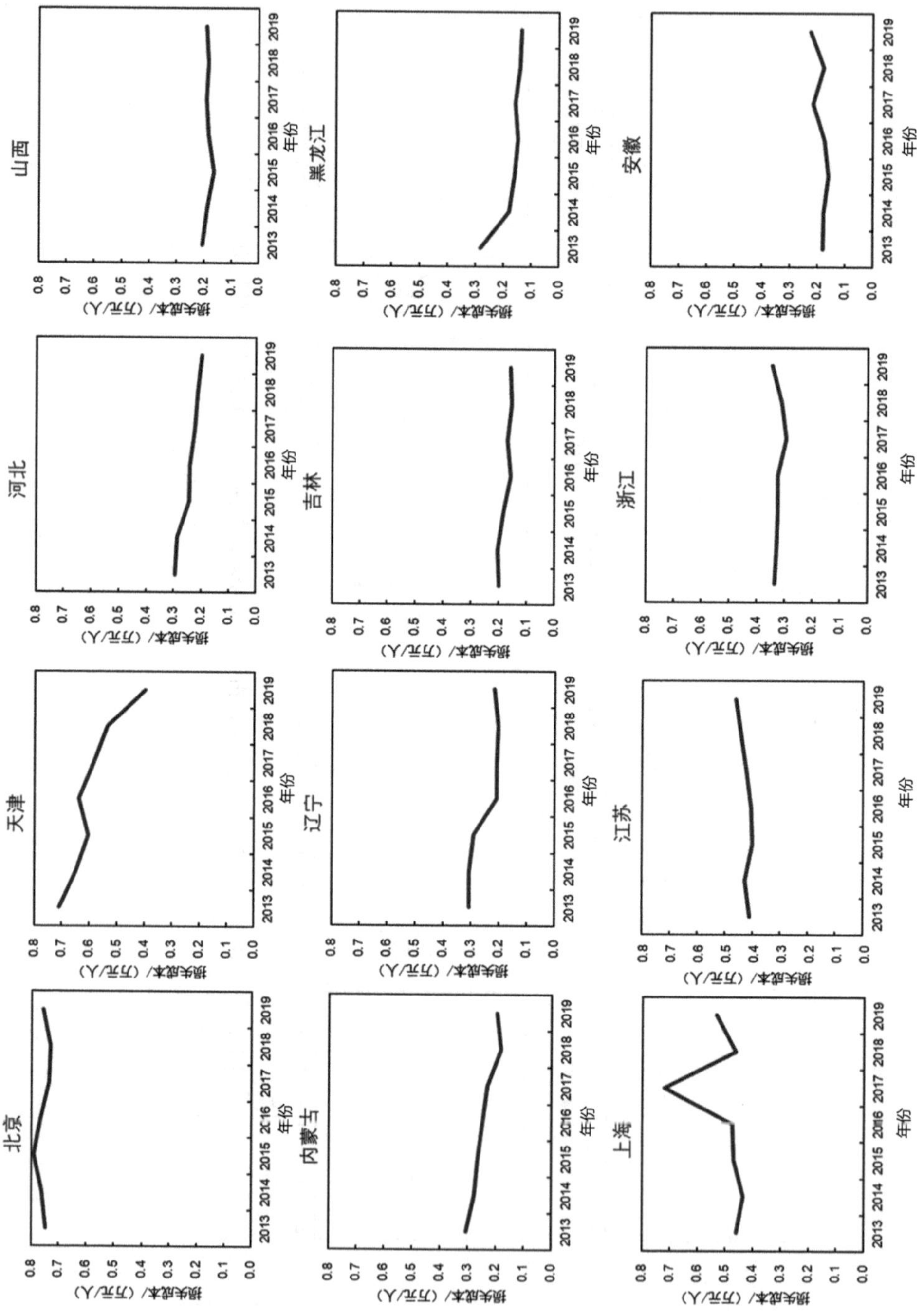
北京
天津
河北
山西
内蒙古
辽宁
吉林
黑龙江
上海
江苏
浙江
安徽
年份
损失成本/（万元/人）

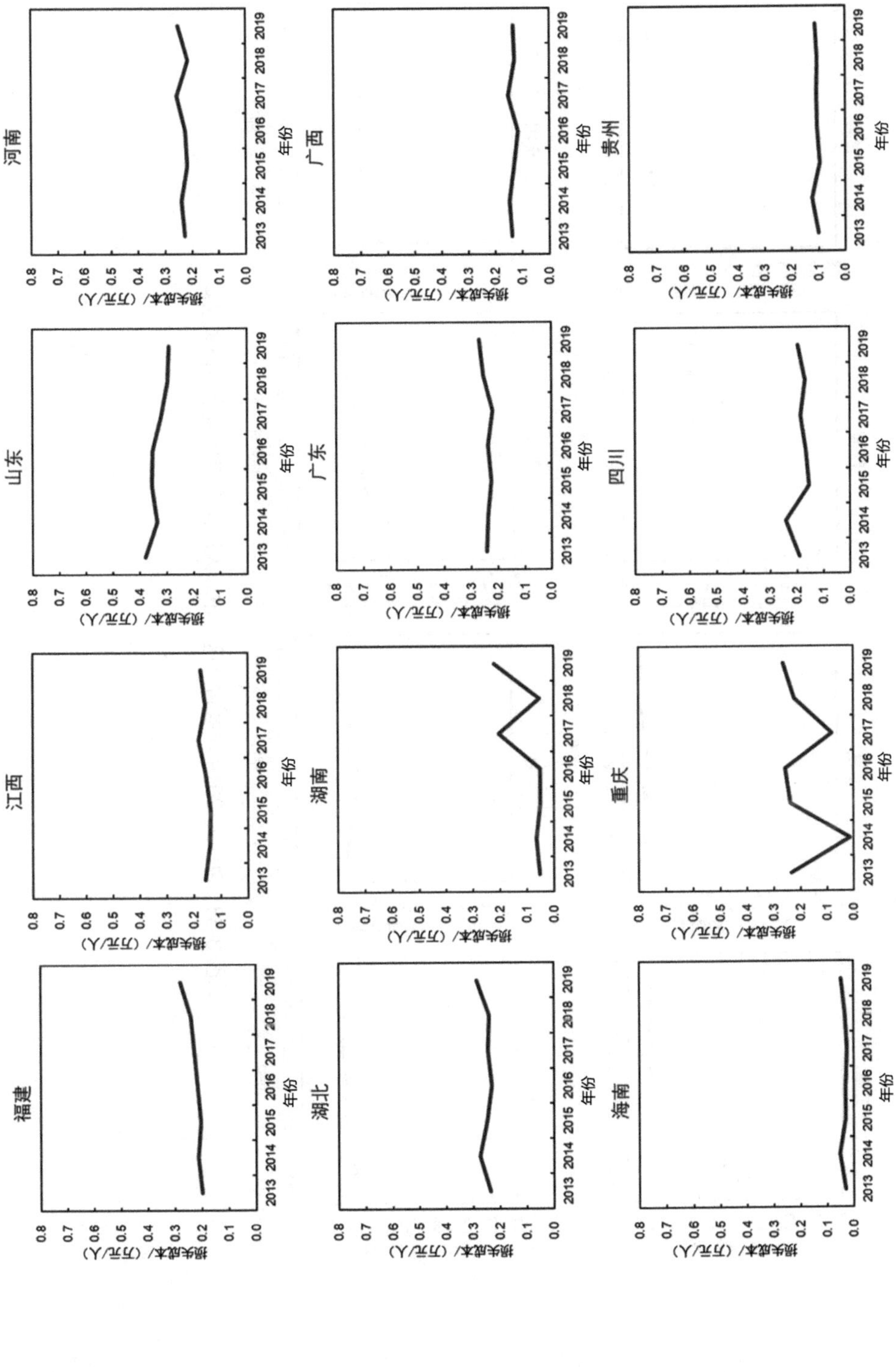
河南
山东
江西
福建
广西
广东
湖南
湖北
贵州
四川
重庆
海南
年份
损失成本/（万元/人）

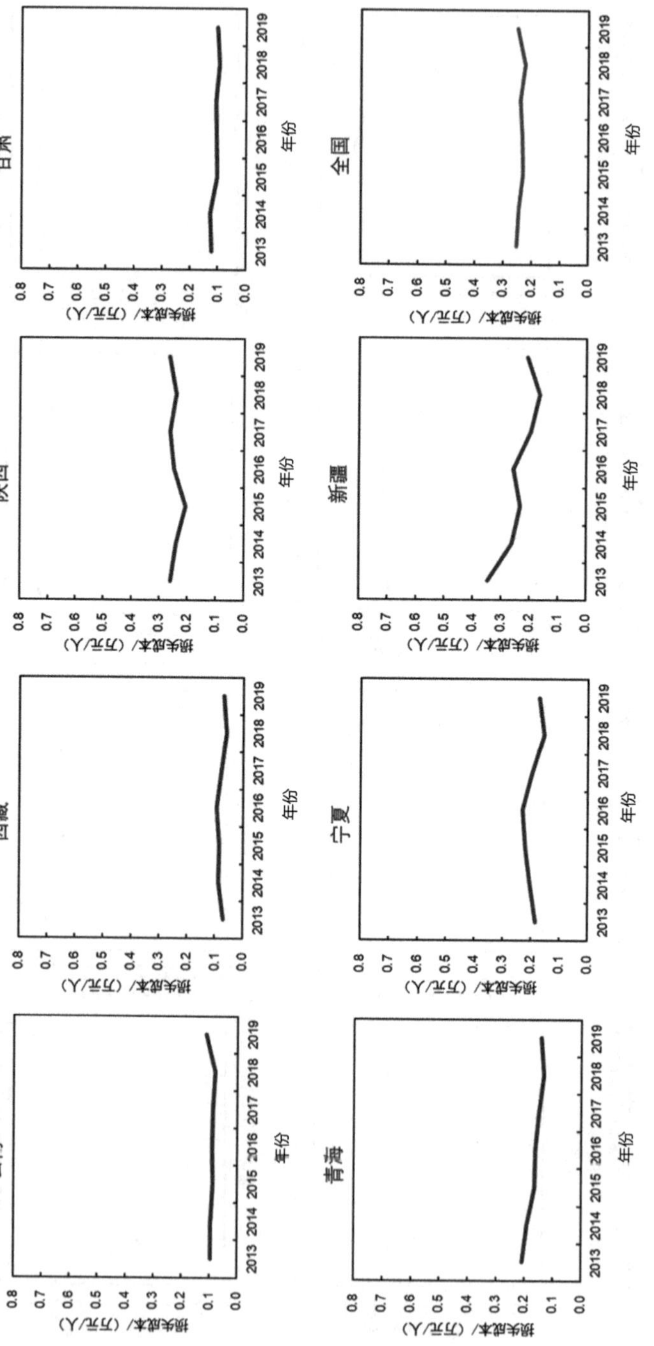

图 3-68 2013—2019 年各省（区、市）人均大气污染造成的损失成本

2013—2019 年全国人均大气污染造成的损失成本总体呈先下降后上升的趋势，2017—2019 年全国人均大气污染造成的损失成本波动明显，整体上每年全国人均大气污染造成的损失成本基本稳定在 0.22 万～0.25 万元/人，其中，2019 年全国人均大气污染造成的损失成本为 0.25 万元/人，较 2013 年仅增长 0.81%。从省级层面来看，2013—2019 年全国 31 个省（区、市）中仅天津、黑龙江、新疆、内蒙古、河北、辽宁、山东、青海、吉林、甘肃、山西、宁夏等 12 个省（区、市）人均大气污染造成的损失成本有所下降，而天津、黑龙江、新疆和内蒙古下降幅度较大，分别降低 0.31 万元/人、0.15 万元/人、0.14 万元/人和 0.11 万元/人；广西和西藏人均大气污染造成的损失成本基本无变化，分别稳定在 0.13 万元/人和 0.07 万元/人左右；其余省（区、市）人均大气污染造成的损失成本均有不同程度增长情况，湖南、福建、上海、湖北、江苏和安徽增长幅度较大，分别增加 0.17 万元/人、0.08 万元/人、0.07 万元/人、0.05 万元/人、0.05 万元/人和 0.05 万元/人，这些地区主要位于长江经济带中下游地区或东南沿海地区，经济发展相对较快。

从损失成本与治理实际成本对比分析来看，污染治理实际成本＜经济核算体系计算的损失成本＜基于 CVM 计算的损失成本，见表 3-4。

表 3-4　2013—2019 年损失成本与治理实际成本　　单位：亿元

年份	经济核算体系计算的损失成本	污染治理实际成本	CVM 损失成本
2013	34 188	7 862	90 172
2014	33 391	8 380	75 150
2015	31 681	8 251	63 974
2016	32 142	9 358	58 393
2017	33 656	8 608	58 815
2018	31 251	8 453	43 981
2019	35 140	8 557	45 513
合计	231 448	59 471	435 998

3.7.2 基于全面达标情景下的治理投入需求与实际治理成本对比分析

区域分布方面，基于全面达标情景下的治理投入需求与历史趋势相似。长三角、汾渭平原等重点地区，其大气污染治理成本仍然较高，山东、内蒙古、江苏和广东作为制造业和能源大省（区），其治理成本居全国前列。东北、青藏高原依然处于较低水平。

对比现状年治理成本与治理投入需求，现状年（2019 年）全国治理成本为 7 414 亿元，基于全面达标的污染物治理投入需求（2021—2035 年）为 75 161 亿元，基于全面达标的污染物治理投入需求是现状年的 10 倍。从污染物来看，基于全面达标情景下的二氧化硫治理投入需求是现状年的 13 倍，基于全面达标情景下的氮氧化物治理投入需求是现状年的 20 倍，基于全面达标情景下的 PM_{10} 治理投入需求是现状年的 9 倍。从重点区域来看，汾渭平原基于全面达标的污染治理投入需求是现状年的 10 倍，投入需求与现状年的比值比其他重点区域的要高，长三角区域、珠三角区域因其环境质量较好，所需要的投入需求较低。尤其珠三角区域，环境质量已达标，维持现状排放量即可达标，所以所需要的投入需求较低（图 3-69）。

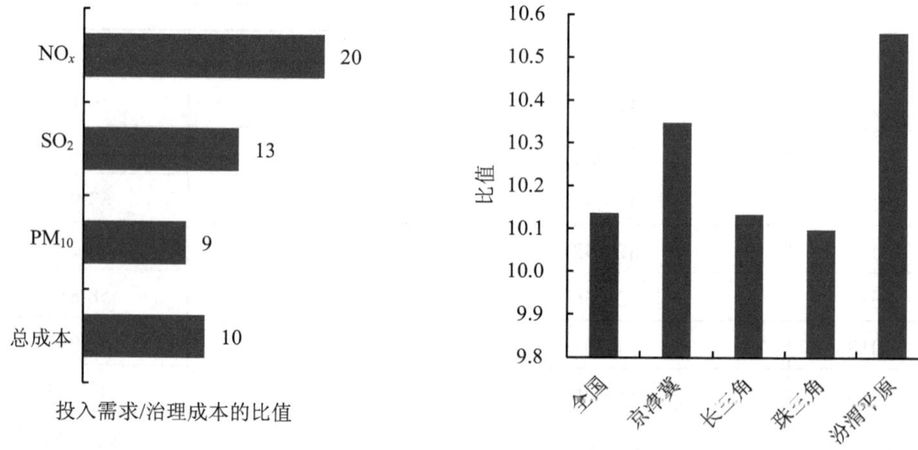

图 3-69 基于全面达标情景下的大气污染治理投入需求与现状年治理成本的比值

从效益与基于全面达标情景下的治理投入需求对比分析来看，基于全面达标情景下的治理投入需求<基于 CVM 计算收益（表 3-5）。

表 3-5 2019—2035 年效益与治理投入需求对比

序号	类型	2019—2035 年/亿元
1	基于全面达标情景下的治理投入需求	75 161
2	基于 CVM 计算收益	1 123 390

3.8 小结

3.8.1 主要结论

（1）基于大气环境经济核算体系，全国大气污染造成的损失随着 $PM_{2.5}$ 浓度的降低呈现整体下降的趋势。2013—2019 年的大气污染造成的损失分别为 34 188 亿元、33 391 亿元、31 681 亿元、32 142 亿元、33 656 亿元、31 251 亿元和 35 140 亿元，江苏、广东、山东、河南和浙江 5 省的损失较大；基于 CVM 计算的 2013—2019 年大气污染造成的损失分别为 90 172 亿元、75 150 亿元、63 974 亿元、58 393 亿元、58 815 亿元、43 981 亿元和 45 513 亿元，是基于大气环境经济核算体系计算的结果的 1.9 倍左右，不同的年份差异较大。

（2）对大气污染实际治理成本的核算结果显示，2013—2019 年我国 SO_2、NO_x 和烟（粉）尘治理成本分别为 1.1 万亿元、0.8 万亿元和 4.1 万亿元，总治理成本为 5.9 万亿元，空间分布上，华北地区和内蒙古自治区较多，北京、天津、河北、山东、山西、河南和内蒙古 7 个省（区、市）集中了全国 1/3 的治理成本。

（3）在全面达标的情景下，基于治理成本法全国 2020—2035 年的大气污染治理需求为 7.52 万亿元（年贴现率 8%），SO_2、NO_x 和烟（粉）尘的治理需求分别为 2.31 万亿元、0.68 万亿元和 4.52 万亿元；京津冀区域、长三角区域、珠三角区域、汾渭平原区域的治理需求分别为 3 826 亿元、11 013 亿元、2 962 亿元、8 149 亿元，占全国的 34.5%。

（4）通过对比现状年治理成本与治理投入需求，现状年（2019 年）全国治理成本为 7 414 亿元，基于全面达标情景下的污染物治理投入需求（2021—2035 年）为 75 161 亿元，基于全面达标情景下的污染物治理投入需求是现状年的 10 倍。从重点区域来看，汾渭平原区域基于全面达标情景下的污染治理投入需求是现状年的 10.6 倍，投入需求与现状年的比值比其他重点区域要高，长三角区域、珠三角区域因其环境质量较好，所需要的投入需求较低。尤其珠三角区域，环境质量已达标，维持现状排放量即可达标，所以所需要的投入需求较低。

（5）基于 CVM 计算得到的大气环境改善效益为 112.34 万亿元，通过与 2021—2035 年大气污染治理投入资金进行对比可以看出，要实现全国空气质量的全面达标，2021—2035 年全国虽然需要投入大量资金，但治理投入所带来大气环境质量改善的效益要远高于对治理投入资金本身。

3.8.2 基于大气环境质量的环境经济核算对策建议

基于现状和未来全面达标的情景下，开展全国大气环境质量的环境经济核算工作，是践行习近平生态文明思想的鲜活案例和重要实践，从大气污染造成的损失和大气环境治理成本的角度，更好地评估我国大气污染治理带来的环境效益、社会效益和经济效益，为未来我国大气污染防治政策和措施提供科学依据和技术支撑。建议：

（1）全面加强大气环境治理核算能力建设工作，不断推进大气环境治理核算工作制度化及业务化建设，实现全国大气环境保护工作向更高层次跨越

1）全面加强大气环境治理核算能力建设工作，夯实核算基础

加强大气环境治理核算基础数据能力建设。大气环境治理核算涉及的数据范围较广，不仅有 SO_2、NO_x、$PM_{2.5}$、PM_{10} 等大气污染物排放量和削减量数据，还涉及不同污染物治理单位价格，对数据要求比较高，需要加强不同层级、不同尺度、不同地域的大气污染治理成本核算数据能力建设工作，同时完善基础数据监测频度和精度，拓宽 VOCs 等核算范围，构建完备的大气污染治理成本核算数据能力体系。同时，开展大气环境治理核算的人才队伍建设工作，夯实核算人才基础。

2）不断推进大气环境治理核算工作制度化及业务化建设

大气环境治理是我国经济社会可持续发展的重要组成部分，将绿色 GDP 纳入

经济社会发展评价体系，将大气环境治理核算的理论和方法示范推广。建立绿色GDP为导向的评价考核机制。依法推动中央生态环境保护大气污染督察向纵深发展，开展领导干部自然资源资产离任审计，实行生态环境损害责任终身追究制。建立科学政绩观，综合发挥绿色GDP、绿色发展指标等在政绩考核中的“指挥棒”作用。建议进一步深入探究各省（区、市）对大气环境治理核算的标准和范围的适用性，深化成果的持续性应用，加大对大气环境质量保护的支持和倾斜，将大气环境治理责任追究制度和环境损害赔偿制度纳入政府领导干部选拔考评与离任审计制度体系中，制定大气环境质量的环境经济周期性评估管理办法，核算经济社会发展的环境成本代价，将对定量分析和判断我国环境形势、推进经济绿色发展转型、建立体现生态文明总体要求的经济社会发展评价体系，实现以环境保护优化经济增长，实施国土“绿色整治”，具有十分重要的推动作用。

3）正确认识并宣传大气环境污染导致大气污染造成的损失成本，推进绿色GDP核算成果交流

建立发布年度大数据报告制度，确保公众参与环境治理的及时反馈。以大数据技术为基础，完善大气环境网络化治理的联动功能，实现集信息公开、新闻舆情、监督预警（环境监督曝光台、“12369”投诉平台）、活动参与、教育培训、项目招投等多种功能，统筹管理各级各类大气环境资源。建议将绿色GDP的核算成果提交生态环境部等相关部门作为参考，以适当方式进行宣传，将最新研究成果及时报送生态环境部研究室、部信息办，同时将绿色GDP的核算成果呈报相关部委进行经验交流，建议在试点省（市）进行示范推广，对提升绿色GDP政策应用具有重要意义。

（2）国家层面推动大气环境经济核算工作，以国家重点研发计划、科技专项，推动我国大气环境政策制定与评估

1）国家层面设立大气环境经济核算科技专项，实现全国大气环境保护工作向更高层次跨越

大气环境污染和经济效益的评估是一项科学性极强的系统工程。由于大气污染物暴露与人群健康效应间暴露-反应关系基础研究的不足、统计体系不完备以及监测能力的欠缺，目前大气污染健康效应评估体系还存在暴露-反应关系的本土化研究不足、人群暴露估计不精确、评价因子不全面等问题。建议国家设立环境健

康科技专项，深入开展环境污染流行病学和毒理学研究，研究 $PM_{2.5}$、NO_2、VOCs、重金属以及其他特征污染物对人体健康的急性和慢性效应及其作用机制，科学评估环境污染对群体和个体健康影响的经济损失。

2）开展基于大气环境经济核算的环境政策制定与评估

当前我国正处于工业化、城镇化快速发展时期，加快转变经济发展方式的关键时期，大气环境污染导致人体健康损失、农业损失、室外建筑材料腐蚀损失、额外清洁成本增加等，对经济社会发展以及人类福祉产生影响是客观事实，各地区、各部委应正视这一问题，客观评价大气环境污染带来的健康危害以及造成的损失。随着城镇化率的不断提高，全国大气污染效益评估显示，集中力量改善大中城市的大气环境质量、降低大气污染相关疾病的死亡率是生态环境部门和卫生健康部门未来的重中之重。建议生态环境部将健康效益评估等费用效益分析纳入大气环境规划、法规标准，提高环境与卫生政策干预的针对性与有效性。

（3）深入培育大气环境治理市场，不断深化绿色信贷、绿色债券、绿色保险等绿色金融产品和服务创新，构建市场化多元大气环境治理投融资体系

1）探索全国可持续绿色融资机制，创新绿色金融政策

大力推进大气环境治理中排污权交易，深入探索排污权交易与总量减排衔接机制，改革完善排污权交易市场机制，进一步完善排污权抵质押融资制度体系。不断深化绿色信贷、绿色债券、绿色保险等绿色金融产品和服务创新，探索绿色债券贴息制度、绿色产业企业上市奖励制度、绿色债券担保奖励制度等在大气环境治理中的应用模式。大力发展股权投资基金和创业投资基金，鼓励社会资本设立各类环境治理和生态保护产业基金。搭建绿色金融大数据综合服务系统，建立绿色金融服务体系，有效发挥绿色金融示范作用。

2）对绿色金融业务和产品综合监管，建立健全绿色金融监管机制，构建市场化多元大气环境治理投融资体系

建立公共环境数据平台，完善绿色金融标准。通过市场提供的大气环境治理和生态保护的公共产品和服务，吸引各类资本参与投资、建设和运营，推动投资主体多元化，拓宽大气环境治理资金投入渠道。大力发展股权投资基金和创业投资基金，鼓励社会资本设立各类大气环境治理和生态保护产业基金。支持符合条件的市场主体发行上市。发挥政府资金引导带动作用，将大气环境治理和生态保

护列为各级财政保障范畴，发挥政府资金的杠杆作用，采取投资奖励、补助、担保补贴、贷款贴息等多种方式，调动社会资本参与环境治理和生态保护领域项目建设的积极性。

3）培育壮大生态环境治理市场主体，推行市场化大气环境治理模式

一是创新企业运营模式。在工业园区和重点行业，推行大气环境污染第三方治理模式，积极推广燃煤电厂第三方治理经验，研究发布第三方治理合同范本。创新林权模式，采取政府购买服务、混合所有制等多种方式，鼓励和引导各方面资金投入植树造林。二是推行综合服务模式。推动政府由过去购买单一治理项目服务向购买整体大气环境质量改善服务方式转变。发展大气环境风险与损害评价、绿色认证等新兴环保服务业，深入推动大气环境污染责任保险。三是实施“互联网+”绿色生态行动。针对大气要素，依托互联网、云计算平台，开展大气环境监测、设施运营与监管、风险监控与预警。支持环保智能运营管理平台系统研发，推动大气污染治理设施的远程管控和低成本运营维护。

4 《大气污染防治行动计划》实施的费用效益分析

4.1 研究背景与内容

为了改善空气质量和保护公众健康，2013 年国务院印发了“大气十条”，要求到 2017 年全国地级及以上城市可吸入颗粒物（PM_{10}）浓度比 2012 年下降 10%以上，京津冀、长三角、珠三角等区域细颗粒物（$PM_{2.5}$）浓度分别比 2012 年下降 25%、20%、15%左右。为实现该目标，我国政府从优化产业结构与布局、调整能源结构和油品升级、强化工业污染综合治理等方面提出了十条措施。

2017 年是“大气十条”第一阶段的收官之年，全国各地基本完成了“大气十条”的任务目标，特别是京津冀及周边区域“2+26”个城市收获了更多的蓝天。治理空气污染是一项复杂而艰巨的任务，在“大气十条”实施过程中，尽管国家和各地方投入了大量人力、物力、财力，但也取得了良好的经济效益和社会效益。

通过对“大气十条”各项措施实施带来的费用和效益进行全面评估分析，得出该计划实施带来的费用和效益情况，一方面回应决策层面、企业和社会公众的关切；另一方面，通过费用效益评估，为制订下个阶段大气污染防治行动计划提供决策参考，对我国大气环境管理具有重要意义。

4.2 费用效益分析思路与方法

4.2.1 总体思路

4.2.1.1 政策分类

以“大气十条”实施的政策措施为对象，通过对全国31个省（区、市）实施“大气十条”有关政策措施的梳理整合，主要从产业结构与布局调整、能源清洁利用、工业污染治理、锅炉改造与治理、面源污染治理、机动车污染治理、监管能力建设等7个方面进行评估。政策措施如表4-1所示。

表4-1 “大气十条”实施的政策措施分类

一级政策措施	二级政策措施
产业结构与布局调整	淘汰落后产能
	压缩过剩产能
	“散、乱、污”企业治理
	错峰生产
	企业搬迁
能源清洁利用	煤炭总量控制
	散煤清洁利用
	燃煤“双替代”
	油品升级及配套改造
	建筑节能管网改造
工业污染治理	电力行业脱硫脱硝除尘
	钢铁行业脱硫脱硝除尘
	水泥行业脱硫脱硝除尘
	玻璃行业脱硫脱硝除尘
	有色金属冶炼行业脱硫除尘

一级政策措施	二级政策措施
锅炉改造与治理	煤改电
	煤改气
	热泵
	其他清洁能源
面源污染治理	扬尘治理（建筑扬尘、道路扬尘、渣土扬尘）
	餐饮油烟治理
	秸秆燃烧治理
机动车污染治理	黄标车与老旧车淘汰
	新能源汽车
监管能力建设	应急能力、监测网格、执法监督（含督查巡查）、科技研发（大气专项、总理基金）等保障支出

4.2.1.2 费用效益范围

“大气十条”实施的费用效益分析，主要包括费用、效益、经济社会影响 3 部分。采用各省（区、市）$PM_{2.5}$ 年均浓度值（排除掉气象因素影响后的值，以 2013 年为基准年）。

费用包括：“大气十条”实施的 7 个方面措施的相关费用，既有政府的投入，也有企业和公众的投入，从全社会整个系统的角度来考虑。

效益包括：“大气十条”实施的环境改善效益（如主要污染物减排、环境质量改善）、健康效益、其他效益（农业损失减少的效益、室外建筑材料腐蚀损失减少的效益、额外清洁费用减少的效益等）以及环境改善带来的群众幸福感效益增加等。

经济社会影响包括：“大气十条”各措施实施对 GDP、税收、居民收入以及就业的净影响。

4.2.1.3 研究范围

时间范围为 2013—2017 年，基础年为 2013 年。由于大气污染治理投入有些是固定资产，一些效益是长期效益，在计算费用效益时还考虑了不同固定资产的折旧和效益的折现，都统一到2013—2017年范围中。

空间上包括全国及31个省（区、市），部分政策措施及费用分析以京津冀及周边“2+26”个城市为主。

4.2.2 费用分析思路

费用主要包括产业结构与布局、能源清洁利用、重点行业污染治理、锅炉改造治理、大气面源污染治理、监管能力与科技支撑等措施实施的投入，每项措施的费用界定如下。

4.2.2.1 产业结构与布局

产业结构与布局措施的费用主要包含针对淘汰落后产能、压减过剩产能的政府补助费用，“散、乱、污”企业的升级改造所需投入以及重污染企业搬迁所需的投入等。由于数据缺失，本项测算不包括重污染企业搬迁的费用。取缔“散、乱、污”企业导致的经济影响不计入成本中。

（1）淘汰落后产能、压减过剩产能的政府补助

核算以钢铁、火电、水泥、平板玻璃及焦炭等5个主要大气污染排放行业为主。其测算方法为：

$$\text{行业淘汰或压减产能产值}=\text{淘汰产能量}\times\text{产能利用率}\times\text{产品价格}$$

$$\text{淘汰或压减产能的政府补贴}=\text{总产值}\times\text{补贴系数}$$

其中，产能利用率为70%，各类产品价格来源于年均产品平均价格；补贴系数按照相关省（区、市）管理办法暂且取1%～3%（平均值2%）。

（2）“散、乱、污”企业升级改造投入

“散、乱、污”企业升级改造成本主要包括该企业加装或改造大气污染治理设施所需增加的投资和运行费用。测算区域范围为京津冀及周边地区（北京、天津、河北、山东、河南、山西）。其中取缔类“散、乱、污”企业不产生成本，提升改造类“散、乱、污”企业共计11.7万家。限于数据可得，将所有企业按照行业分为餐饮、砖瓦窑、纸品包装、木材加工、水泥制品、金属制品、塑料橡胶、家具、化工喷涂、玻璃以及其他等行业。设定 i 表示行业，成本测算为：

行业 i 治理总投资=行业 i 企业数量×企业治理平均成本

各行业大气污染治理平均成本见表 4-2。

表 4-2　各行业大气污染治理平均成本　　单位：万元

行业	脱硫	脱硝	除尘	VOCs 治理	油烟系统	其他行业	合计
餐饮					2		2
砖瓦窑	50		20				70
纸品包装				6			6
木材加工			6	15			21
水泥制品			5				5
金属制品			4				4
塑料橡胶				20			20
家具				20			20
化工喷涂				20			20
玻璃		10					10
其他						10	10

4.2.2.2　能源清洁利用

能源清洁利用主要包括煤炭总量控制、散煤清洁利用、燃煤“双替代”、油品升级及配套改造、建筑节能与供热管网等措施。煤炭总量控制包括煤炭消费总量指标约束和煤炭压减、新建项目煤炭减量替代和等量替代等，主要反映为对经济的影响，不含费用计算。供热改造主要包括老旧供热管网改造、北方采暖地区既有居住建筑供热计量和节能改造、北方城市采暖地区集中供热普及率提高，由于数据缺失且成本较难界定，不纳入计算。能源清洁利用费用主要计算散煤清洁利用、燃煤“双替代”、油品升级及配套改造、建筑节能 4 项措施的费用。

能源清洁与调整主要包括煤炭总量控制、散煤清洁利用、燃煤“双替代”、油品升级及配套改造、建筑节能与供热等措施。煤炭总量控制包括煤炭消费总量指标约束和煤炭压减、新建项目煤炭减量替代和等量替代等，主要反映为经济影响，不易量化，不纳入计算。供热主要包括老旧供热管网改造、北方采暖地区既有居住建筑供热计量和节能改造、北方城市采暖地区集中供热普及率提高，由于数据缺失且成本范围很难界定，故不纳入计算。能源清洁与调整费用主要计算散煤清洁利用、燃煤“双替代”、油品升级及配套改造、建筑节能 4 项内容。

（1）散煤清洁利用

主要包括煤炭洗选加工、散煤清洁化治理、煤炭清洁高效利用等。对应成本主要包括洗煤厂建设费用、洗煤增加费用和洁净煤配煤中心建设费用，主要方法为系数估算。洗煤厂建设费用有些省份直接有上报数据，没有数据的省（区、市）按照以下方法计算：

洗煤厂建设费用=洗煤能力增加量×洗煤厂单位建设投资

其中，洗煤厂单位建设投资按 20 元/t 计算，政府补贴按 20%估算。若洗煤能力增加量数据缺失，按洗煤量反推（按 2013 年洗煤能力释放 94%计算）。洗煤厂投资折旧按 10 年计算，平摊到近 5 年。

洗煤增加费用=原煤产量×原煤入洗率提高率×单位洗煤费用

其中，平均洗煤费用按 200 元/t 计算；政府补贴按 50%估算。若原煤产量数据缺失，按全国总产量各省（区、市）分系数估算；若原煤入洗率缺失，按趋势估算。

洁净煤配煤中心建设费用=洁净煤配煤中心个数×单位投资建设费用

其中，配送中心每个投资建设按 4 500 万元计算；若洁净煤配煤中心个数缺失，按照配送洁净煤量反推，每个配送中心按 60 万 t 配送量计算。配煤中心投资折旧按 10 年计算，平均分摊到每年。

（2）燃煤“双替代”

2016 年以来，开展了大规模散煤替代工作，以“煤改气”“煤改电”（以下简称“双替代”）为重点，通过清洁采暖大幅减少了居民散煤使用量。“双替代”成本计算以户为单位，主要包括采暖设备投资费用、基础设施建设投资和年运行费用补贴。相关参数：采用燃气替代方式的投资成本包括：燃气锅炉平均 8 000 元/户和基础设施建设投资 12 000 元/户；采用电替代方式的投资成本包括：电锅炉平均 5 000 元/户；这两种替代模式均需要以家庭为单位，政府补助 1 000 元/户（2017

年）。成本计算的不确定性主要在于各省（区、市）补贴政策不同。

（3）油品升级及配套改造

油品升级及配套改造主要包括石油炼制企业升级改造、油品质量监督检查、油品供应标准要求。主要产生油品升级增加的成本，较易计算。

油品升级增加的成本=汽、柴油消费量×车用汽、柴油占比×每吨汽、柴油增加的成本

其中，车用汽、柴油质量标准升级至第四阶段每吨分别加价 290 元和 370 元；从第四阶段升级至第五阶段每吨分别加价 170 元和 160 元；从第五阶段升级至第六阶段按 200 元计算。车用汽、柴油占汽、柴油消费量的比例分别按 90%、60% 计算。

（4）建筑节能

主要包括执行绿色建筑标准，建筑节能改造；新建建筑执行强制性节能标准和推广使用节能技术和装备等措施。纳入计算范围的主要为建筑节能改造成本，建筑节能改造成本部分省份可直接通过上报材料获取，若无法直接获得可通过以下方法进行估算：

既有建筑节能改造成本=既有建筑节能改造面积×单位面积改造费用

其中，既有建筑节能改造费用按每平方米改造费用为 220 元计算。各省（区、市）建筑节能改造面积缺失较多，根据各省（区、市）建筑节能通报、节能规划等资料合理估算；政府补贴统一按 20%估算。建筑节能改造不仅因为环境效益，也因为社会效益，根据周志宇等的研究，每投入 1 元经济投资，可实现 0.21 元的环境减排效益，我们按建筑节能改造总费用的 20%估算大气污染防治所产生的建筑节能改造成本。

4.2.2.3 重点行业污染治理

重点行业污染治理措施的费用主要包括“大气十条”中确定的工业大气污染治理重点行业，即电力、钢铁、水泥、有色金属冶炼及平板玻璃行业在治理措施中新建或改造的新增投资、年运行成本等。

需要说明的是，钢铁行业烧结（球团）以外其他工序的除尘设施，以及焦化

行业脱硫、除尘设施，这两部分目前缺少成本测算依据，且工程量难以统计，因此未计算。石化行业催化裂化装置脱硫设施成本测算，因缺少工程量数据难以计算。有色金属行业脱硫设施成本没有各省（区、市）有色行业新建脱硫设施情况数据，目前难以计算。重点行业以外的其他行业，由于未掌握脱硫、脱硝、除尘设施建造情况，治理设施成本测算依据较难，目前未计算。

（1）测算范围及边界

1）已涵盖范围及边界

测算范围目前涵盖“大气十条”中确定的工业大气污染治理中电力、钢铁、水泥、有色金属冶炼及平板玻璃等重点行业。其中，火电行业测算范围界定为发电锅炉脱硫、脱硝、除尘设施；钢铁行业测算范围界定为烧结机（球团）脱硫、除尘设施；水泥行业界定范围为水泥熟料煅烧窑脱硝、除尘设施；有色金属冶炼行业界定为生产线除尘措施；平板玻璃行业界定为玻璃窑脱硫、脱硝、除尘设施。

2）未涵盖范围及存在的问题

①未涵盖钢铁行业烧结（球团）以外其他工序的除尘设施，以及焦化行业脱硫、除尘设施，这两部分目前缺少成本测算依据，且工程量难以统计，因此难以计算。

②未涵盖石化行业催化裂化装置脱硫设施成本测算，因缺少工程量数据暂时难以计算。

③未涵盖有色行业脱硫设施成本核算，该部分没有各省（区、市）有色行业新建脱硫设施情况，目前难以计算。

④重点行业以外的其他行业，因未掌握脱硫、脱硝、除尘设施建造情况，且获得其治理设施成本测算依据较难，目前难以计算。

（2）成本测算思路方法

1）测算思路

①电力行业：测算新建脱硫、脱硝设施、除尘（均不含超低排放改造）年均投资、年运行成本；燃煤机组超低排放改造的年均投资、增加的运行成本。

②钢铁行业：测算烧结机（球团）新建脱硫设施、除尘设施年均投资、年运行成本。

③水泥行业：测算水泥窑新建脱硝、除尘设施年均投资、年运行成本。

④有色金属冶炼行业：新建除尘设施年均投资、年运行成本。

⑤平板玻璃行业：玻璃窑新建脱硫、脱硝、除尘设施年均投资、年运行成本。

2）测算方法

各行业均采用系数法进行估算。具体方法如下：

①电力行业：

各项治理设施年均投资=新建治理设施的机组装机容量（万 kW）×
单位投资成本（元/kW）×
运行年限（a）÷折旧年限

各项治理设施年运行成本=新建治理设施的机组发电量（亿 kW·h）×
电价补贴（分/亿 kW·h）

超低机组增加运行成本=超低改造机组发电量（亿 kW·h）×1.5（分/kW·h）

②钢铁行业：

治理设施年均投资=新建治理设施生产线的规模（m^2 或万 t）×
单位投资成本（万元/m^2 或万 t）×
运行年限（a）÷折旧年限

治理设施年运行成本=治理设施生产线的产品产量（万 t）×单位成本（元/t）

③水泥行业：

治理设施年均投资=新建治理设施生产线的规模（t 熟料/d）×
单位投资成本（元/t 熟料·d）×
运行年限（a）÷折旧年限

治理设施年运行成本=新建治理设施生产线的产品产量（万 t 熟料）×
单位成本（元/t 熟料）

④有色金属冶炼行业：

除尘设施年均投资=新建除尘设施的套数（套）×
不同除尘器投资费用（万元/套）×
运行年限（a）÷折旧年限

除尘设施年运行成本=新建除尘设施的套数（套）×
不同除尘设备的运行费用（万元/套）

⑤平板玻璃行业：

治理设施年均投资=新建治理设施生产线的产能（t/d）×
单位投资成本（元/t·d）×
运行年限（a）÷折旧年限

运行成本=生产线产品产量（重量箱）×单位成本（元/重量箱）

4.2.2.4 锅炉改造治理

锅炉改造治理措施的费用主要是淘汰改造燃煤小锅炉措施产生的费用，主要对象为工业、商用和居民小区（社区）的 10 蒸吨/小时以下规模锅炉，燃煤小锅炉的改造方式主要是淘汰、煤改电或煤改气、清洁能源替代和热泵供暖 4 种方式，主要成本是锅炉采暖设备的投资费用，成本按照锅炉的蒸吨为基准进行计算。

淘汰燃煤小锅炉主要对象为工业、商用和居民小区（社区）的 10 蒸吨/小时以下规模锅炉，燃煤小锅炉的改造方式主要是淘汰、并网、煤改电、煤改气、清洁能源替代和热泵供暖 4 种方式，成本按照锅炉的蒸吨为基准进行计算，主要是采暖设备投资费用（折旧年限为 5 年）。相关参数：电锅炉成本每蒸吨 25 万元、燃气锅炉成本每蒸吨 35 万元、清洁能源替代成本每蒸吨 40 万元、热泵成本每蒸吨 15 万元；煤改气和煤改电政府补助每蒸吨 6 万元、清洁能源替代和热泵补助每蒸吨 3 万元。成本计算的不确定性主要在于锅炉规格较多，其中小型锅炉（如 0.2 蒸吨/小时）合算成每蒸吨的价格要超出计算成本，较大型锅炉（如 10 蒸吨/小时）合算成每蒸吨的价格要低于计算成本，锅炉数量众多，只能取相对合理的价格；另外，清洁能源替代方面包含了生物质、燃油等方式，成本方面会有一定的差异。

4.2.2.5 机动车污染治理

机动车污染治理措施的费用主要包括黄标车、老旧车的淘汰，新能源汽车推广，交通运输结构调整，机动车监管能力建设等 4 个方面的费用。黄标车、老旧车淘汰主要是车辆残值损失（以补贴成本作为替代），新能源汽车推广主要是推广补贴成本。交通运输结构调整主要有公交车、出租车、客运车辆、货运车结构调整，铁路货运、海运、空运，轨道交通建设，自行车道建设等措施，由于数据缺失，成本难以量化，不纳入计算。机动车监管能力建设主要有巡查检测场、查处违法检测场、检查机动车、查处违法车，省、市两级监管平台，固定式遥感监测门站、配置移动式遥感监测车等措施，机动车监管能力建设部分放入“大气十条”的监督管理成本中。

（1）成本识别

将每项具体措施进行针对性分析后得知：①黄标车、老旧车淘汰部分的淘汰补贴成本较容易量化，管理成本不容易量化。②新能源汽车推广部分的推广补贴成本较容易量化，管理成本不容易量化。③交通运输结构调整部分的购车成本较容易量化但与新能源汽车推广重合，改造成本不容易量化且数额很小，不建议计算；铁路运输、海运、空运成本不容易量化但铁路运输、海运、空运的量增加更多是经济发展和居民消费带来，不建议计算；轨道交通建设成本不容易量化且非必要，自行车道建设成本不容易量化且非必要，但交通建设主要是为了缓解交通出行压力，加强城市基础设施建设，不建议计算。④机动车监管能力建设部分的检查成本不容易量化，查处成本不容易量化，且放入“大气十条”的政府管理成本中；平台建设运维成本较容易量化，且放入“大气十条”的政府管理成本中；设备购买成本、运行成本不容易量化，且放入“大气十条”的政府管理成本中。

因此，黄标车、老旧车淘汰部分主要有淘汰补贴成本。新能源汽车推广部分主要有推广补贴成本。交通运输结构调整部分的成本不建议计算。机动车监管能力建设部分放入“大气十条”的政府管理成本中。

（2）计算方法

黄标车、老旧车淘汰补贴成本：

$$C_y = \sum_{t=1} P_t \times V_t$$

式中，C_y —— 黄标车、老旧车淘汰补贴成本，万元；

P_t —— 黄标车、老旧车淘汰补贴标准，万元/辆；

V_t —— 黄标车、老旧车淘汰数量，辆；

t —— 区域。

新能源汽车推广补贴成本：

$$C_n = \sum_{t=1} B_t \times V_t$$

式中，C_n —— 新能源汽车推广补贴成本，万元；

B_t —— 新能源汽车推广补贴标准，万元/辆；

V_t —— 新能源汽车推广数量，辆；

t —— 区域。

（3）数据来源和参数确定

机动车治理的数据来源和参数确定见表 4-3。

表 4-3　机动车治理的数据来源和参数确定

项目	车辆数量	补贴标准
黄标车、老旧车淘汰	车辆数量来自环境保护部机动车排污监控中心	《京津冀区域黄标车淘汰政策实施的费用效益分析案例报告》中，2008—2015 年京津冀区域黄标车淘汰数量为 136.22 万辆，淘汰补贴成本为 102.07 亿元，其淘汰补贴标准为 0.75 万元/辆。 因此，将黄标车、老旧车淘汰补贴标准取值为 0.75 万元/辆
新能源汽车推广	车辆数量来自环境保护部机动车排污监控中心	根据工信部公示的 4 批《2016 年度新能源汽车推广应用补助资金清算审核车辆信息表》，得到专家组核定的推广数为 228 516 辆，应清算补助资金为 2 883 139.42 万元，其新能源汽车推广补贴标准为 12.62 万元/辆。 因此，将新能源汽车推广补贴标准取值为 12.62 万元/辆。 新能源汽车替代黄标车和老旧车，考虑黄标车和老旧车污染物排放量相当于国Ⅴ或国Ⅵ的 10～25 倍，将新能源汽车推广所产生的大气污染防治成本定义为新能源汽车推广补贴的 1/20

4.2.2.6　大气面源污染治理

大气面源污染治理措施的费用主要包括扬尘、餐饮油烟、秸秆燃烧治理等措施的费用，其中扬尘包括建筑扬尘、道路扬尘、渣土扬尘。此外，大气面源治理还包括矿山和港口码头扬尘整治，由于该部分占比较小且相关数据获取困难，故不纳入计算。梳理各省（区、市）大气面源任务，其具体的治理措施成本主要包括政府补贴、政府治理设施安装、企业设施投资、日常治理与运维费用，其中政府补贴与设施安装投资部分存在重复，进行扣减。

（1）扬尘

建筑扬尘治理成本主要包括政府扬尘治理补贴、6个“百分百”（施工工地围挡、物料堆放苫盖、出入车辆冲洗、地面硬化、土方湿法作业、车辆密闭运输等）费用、监控视频和扬尘在线监测等设备购置、高效洗轮设施购置。政府对企业的补贴支出与后面的费用重叠，不计入其中。其他成本根据单个措施价格与工地数量、措施实施率进行估算：

$$建筑扬尘治理费用=\Sigma 单项措施费用\times 工地数量\times 实施工地百分比$$

道路扬尘治理成本主要包括机械化设备（洒水车、机扫车、吸尘车等）购置、道路扬尘监测设备购置、日常清扫除尘运行费用。设备购置费用根据单价与购置数量计算，日常清扫除尘运行费用根据单位面积清扫费用与道路面积、清扫率进行估算：

$$设备购置费用=\Sigma 单价\times 购置数量$$

$$日常清扫费用=单位面积清扫费用\times 道路面积\times 清扫率$$

渣土扬尘治理成本主要包括政府渣土车辆改装补贴费用、政府平台监控设备购置费用、运输车辆更新改造（GPS系统、密闭系统）费用。政府对渣土车辆的补贴支出与后面的运输车辆更新改造重叠，不计入其中。其他成本根据单价与购置/改造数量进行估算：

$$渣土扬尘治理费用=\Sigma 单价\times 购置/改造数量$$

（2）餐饮油烟

餐饮油烟治理成本主要包括政府油烟治理补贴、餐饮企业油烟净化设施费用、烧烤摊位环保烧烤炉具设施费用。政府对企业的油烟治理补贴支出与后面的费用重叠，不计入其中。其他成本根据单价与餐饮企业数量、油烟治理率进行估算：

$$餐饮油烟治理费用=\Sigma 单价\times 餐饮企业数量\times 油烟治理率$$

（3）秸秆燃烧

秸秆燃烧治理成本主要包括政府农业支持保护补贴、监控设备购置（无人机、“互联网+高架视频监控”系统等）费用、秸秆资源化利用设施建设（秸秆收储点、收储中心、沼气池等）。政府补贴主要用于秸秆资源化利用设施建设，后者设施建设数量数据获取困难，主要计算政府补贴费用，通过各省（区、市）公布的数据计算。其他成本根据单价与设施购置数量进行估算：

秸秆燃烧设施购置费用=Σ单价×设施购置数量

4.2.2.7 环境监管与科技支撑能力

环境监管与科技支撑能力主要包括大气污染防治应急能力建设、大气环境监测网格体系建设、执法监督体系建设（含环保督查、巡查）、科技研发（大气专项、总理基金）等保障支出。各措施成本难以统计，故采用经验法，即占大气污染防治行动计划总费用的1.5%作为能力建设投入。

4.2.3 健康效益分析思路

大气环境质量改善产生的健康效益是“大气十条”实施成效的重要内容。目前，我国大气环境质量整体还处于对人体健康有损失的阶段，因此，大气环境质量改善的健康效益通过年度之间大气环境污染损失减少进行核算，即当年大气环境质量改善的健康效益通过上年大气环境质量的健康损失减去当年大气环境质量的健康损失，如果结果为正，说明大气环境质量改善了；如果结果为负，说明大气环境质量没有改善。

针对大气污染的人体健康效益核算的地区主要是全国地级及以上城市（337个），主要采用颗粒物 $PM_{2.5}$（排除掉气象因素影响后的浓度值）作为大气污染因子进行人体健康影响评价。健康效益核算的方法有人力资本法和支付意愿法。

4.2.4 其他效益分析思路

大气环境质量改善除给人体健康带来效益外，对种植业、室外建筑材料、额外清洁方面也将带来好处。大气环境质量改善产生的其他效益主要包括种植业减少损失、室外建筑材料腐蚀减少损失和额外清洁成本减少等3部分。

4.2.5 公众幸福感效益估值的思路

大气环境质量改善可增加公众的幸福感，这种幸福感也可转化为货币。采用下降的污染浓度乘以单位浓度下降带来的幸福感的增加替代价值来进行计算。

4.2.6 经济社会影响分析思路

“大气十条”实施的经济社会影响分析是指各项措施在实施过程中对宏观经济、产业结构、税收以及就业等方面产生的直接和间接的影响。主要将淘汰和压减产能、环境治理投资及运行费、增加消费需求等作为对象，主要通过构建的环境经济投入产出模型来计算。

各类措施涉及的投资额及所属行业划分见表 4-4。

表 4-4 各类措施涉及的投资额及所属行业划分

措施及投资	所属行业	投资额/亿元
“散、乱、污”升级改造	环保设备制造	123
“双替代”	家用电器具制造业	956
燃煤锅炉清洁改造	通用设备制造	1 148
工业治理改造升级	环保设备制造	4 613
煤场建设及洗煤	煤炭洗选加工业	1 979
油品升级及配套改造	通用、专用设备制造	2 800
建筑节能	建筑业	1 747
淘汰黄标车及新能源车推广	汽车制造业	34 039
面源扬尘治理	通用与专用设备制造、建筑业、汽车制造、塑料产品、电子设备	485
合计	—	47 890

4.3 费用核算结果

4.3.1 总费用核算结果

2013—2017 年，“大气十条”七项措施实施的费用共计 16 511 亿元。其中，产业结构调整与布局的费用为 515 亿元、能源清洁利用的费用为 5 840 亿元、主要工业大气污染治理费用为 6 576 亿元、锅炉改造治理费用为 689 亿元、大气面源污染治理费用为 747 亿元、机动车污染治理费用为 1 899 亿元、监管与科技能力费用为 246 亿元（图 4-1）。

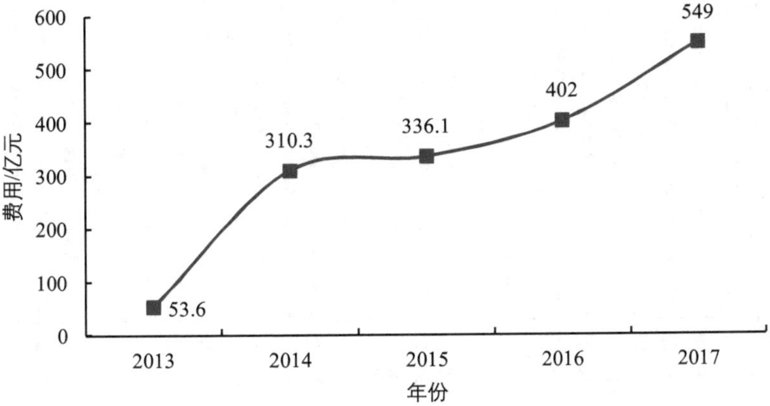

（a）各年实施的费用情况

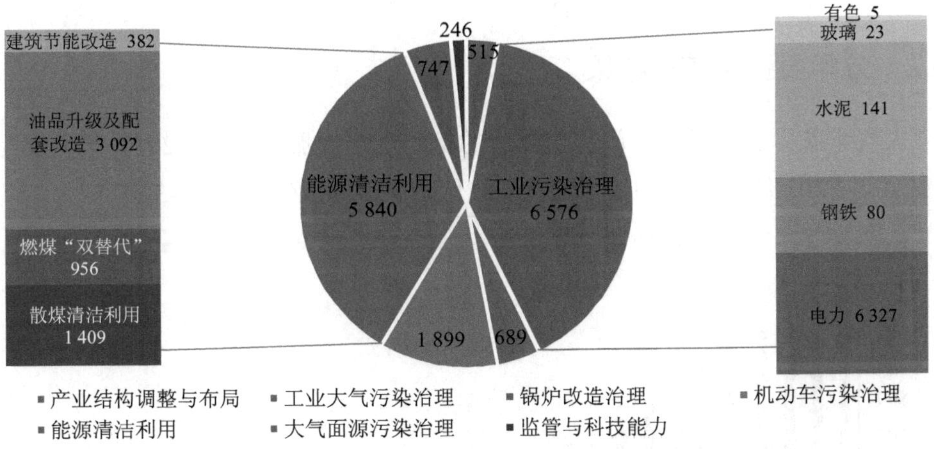

（b）各措施实施的费用情况

图 4-1 “大气十条”全国实施的费用情况（单位：亿元）

从 31 个省（区、市）来看，山东、河北、山西、江苏、河南、广东、内蒙古、陕西的费用较高，分别为 1 403.40 亿元、1 357.45 亿元、1 208.15 亿元、1 169.96 亿元、1 062.47 亿元、1 015.68 亿元、927.17 亿元、811.29 亿元（图 4-2）。

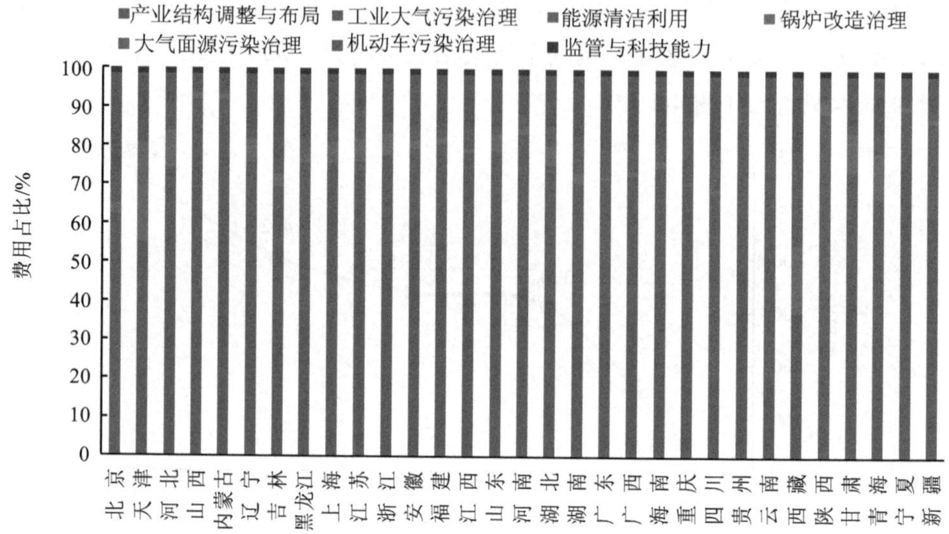

图 4-2 全国 31 个省（区、市）“大气十条”实施五年期间七项措施费用占比情况

4.3.2 分年度费用核算结果

“大气十条”实施五年期间，全国总的费用逐年增加，2013—2017 年分别为 536 亿元、3 103 亿元、3 361 亿元、4 020 亿元、5 490 亿元（图 4-3）。

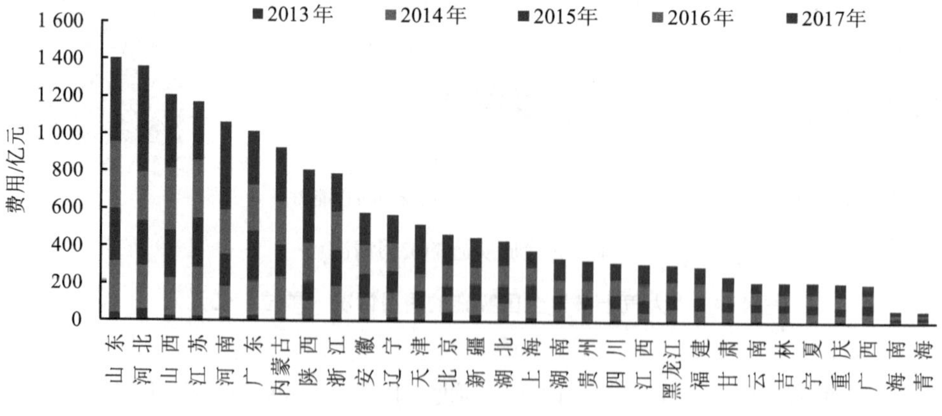

图 4-3 2013—2017 年全国 31 个省（区、市）“大气十条”实施费用情况

4.3.3 各措施实施费用核算结果

4.3.3.1 产业结构调整与布局

“大气十条”实施期间，全国共计在电力、钢铁、水泥、平板玻璃、焦炭等行业分别淘汰及压减产能 1 423 万 kW、53 234 万 t、26 891 万 t、16 903 万重量和 8 655 万 t，政府相应配套的安置补助成本分别为 131 亿元、198 亿元、12 亿元、26 亿元、25 亿元。总计补贴成本为 392 亿元（图 4-4）。

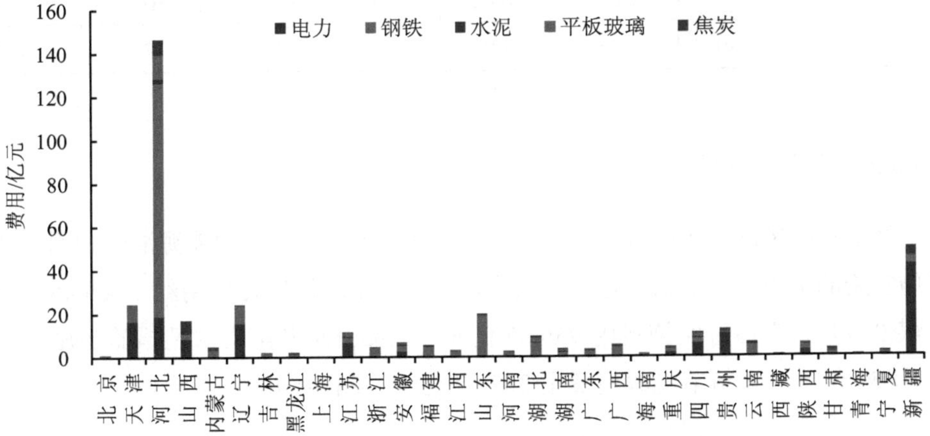

图 4-4 2013—2017 年各省（区、市）淘汰和压减产能的补助成本

北方 6 个省（市）“散、乱、污”企业升级改造所需成本共计 123.2 亿元，其中北京、天津、河北、山西、山东、河南分别为 2.80 亿元、7.35 亿元、34.90 亿元、0.55 亿元、39.69 亿元、37.91 亿元（表 4-5）。

表 4-5 “散、乱、污”企业升级改造所需成本 单位：亿元

行业	北京	天津	河北	山西	山东	河南	合计
餐饮	0.24	0.00	0.21	0.00	0.02	0.79	1.26
砖瓦窑	0.00	0.00	0.27	0.00	0.92	0.97	2.17
纸品包装	0.01	0.05	0.19	0.00	0.43	0.00	0.68

行业	北京	天津	河北	山西	山东	河南	合计
木材加工	0.01	0.36	0.33	0.02	2.35	2.90	5.97
水泥制品	0.00	0.01	0.06	0.00	0.06	0.13	0.26
金属制品	0.01	0.35	0.27	0.00	0.12	0.02	0.76
塑料橡胶	0.01	0.55	1.80	0.01	1.72	0.49	4.57
家具	0.08	0.70	5.75	0.04	1.90	1.46	9.92
化工喷涂	0.00	0.29	0.00	0.00	0.43	0.40	1.13
玻璃	0.00	0.02	0.00	0.00	0.22	0.07	0.31
其他	2.45	5.01	26.03	0.48	31.52	30.69	96.18
合计	2.80	7.35	34.90	0.55	39.69	37.91	123.20

4.3.3.2 能源清洁利用

经核算，2013—2017 年，有关“大气十条”的实施，全国能源清洁利用与调整措施实施的费用约 5 839.54 亿元。其中，煤炭清洁利用实施费用约 1 409.48 亿元，燃煤“双替代”措施实施费用 956.05 亿元，油品升级及配套改造措施实施费用约 3 091.54 亿元，建筑节能改造费用 382.47 亿元（图 4-5）。

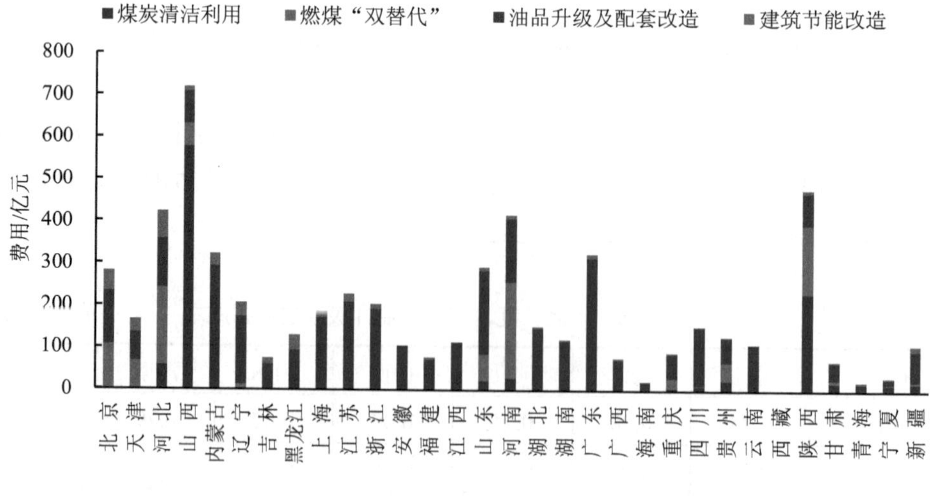

图 4-5　能源清洁利用与调整措施成本汇总

（1）煤炭清洁利用实施费用

煤炭清洁利用措施主要包括煤炭洗选加工和农村散煤治理。煤炭洗选加工涉及河北、山西、内蒙古、辽宁、吉林、黑龙江、安徽、江西、山东、河南、湖北、湖南、重庆、四川、贵州、云南、陕西、甘肃、青海、宁夏、新疆 21 个省（区、市），该项措施的费用共约 1 409.48 亿元，其中洗煤厂建设费用 50.87 亿元，五年运行费用共 1 355.09 亿元。煤炭治理涉及北京、天津、河北、甘肃 4 个省（市），治理费用共 3.52 亿元（图 4-6、图 4-7）。

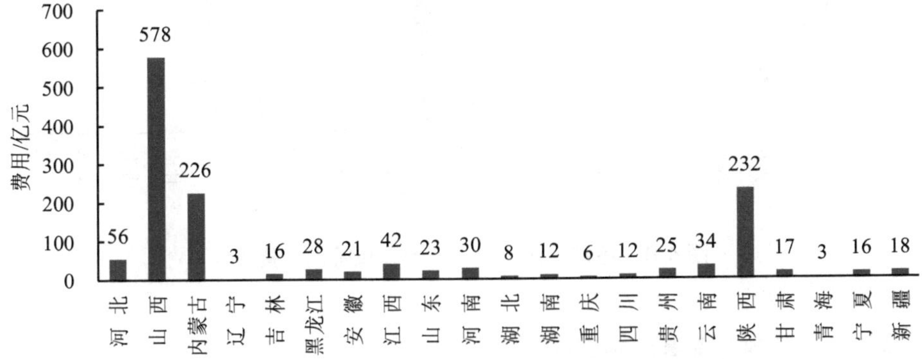

图 4-6 各省（区、市）煤炭选洗加工费用

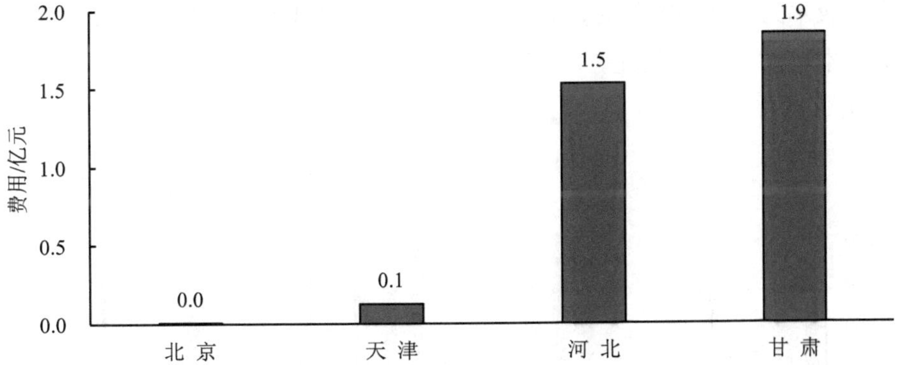

图 4-7 4 个省（市）煤炭清洁化治理费用

（2）燃煤“双替代”

燃煤“双替代”涉及北京、天津、河北、山西、内蒙古、辽宁、黑龙江、江

苏、山东、河南、湖北、重庆、四川、贵州、陕西、甘肃、青海、宁夏、新疆 19 个省（区、市）。其中，全国电代煤 299.31 万户，电代煤成本约 628 亿元；气代煤 545.84 万户，气代煤成本约 327 亿元。

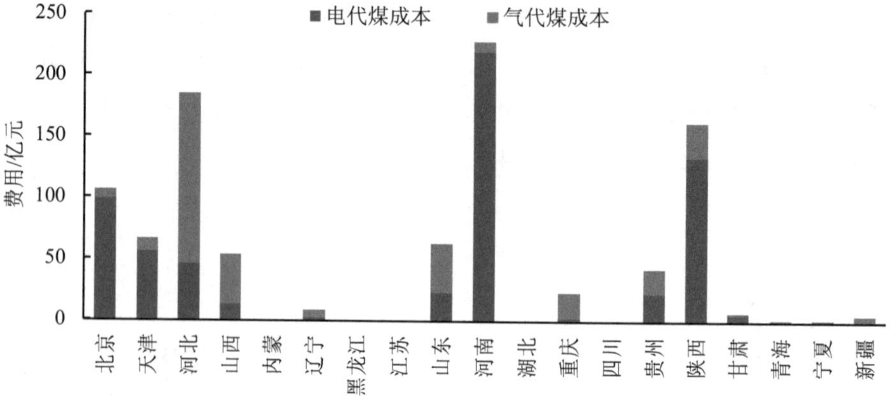

图 4-8 各省（区、市）燃煤“双替代”费用

（3）油品升级及配套改造费用

油品升级及配套改造措施实施费用中汽油升级成本约 1 589.48 亿元（图 4-9），其中升级国四汽油成本增加 774.11 亿元，升级国五汽油成本增加 815.37 亿元；柴油升级成本约 1 502.05 亿元，其中升级国四柴油成本增加 642.18 亿元，升级国五柴油成本增加 859.87 亿元。

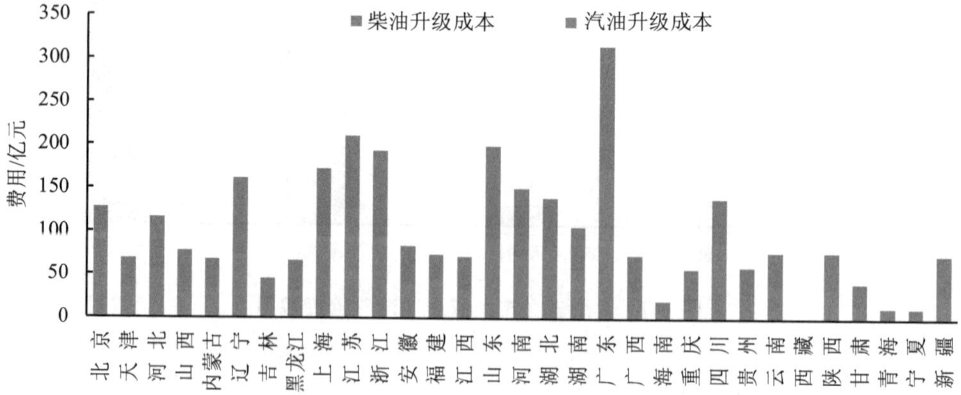

图 4-9 各省（区、市）油品升级费用

（4）建筑节能改造费用

既有建筑节能改造费用包含了除安徽、云南、西藏外的 28 个省（区、市）。2013—2017 年全国约涉及 8.7 万亿 m^2 的既有建筑节能改造，共花费 1 912 亿元。其中，涉及大气污染治理的投入约 382 亿元。

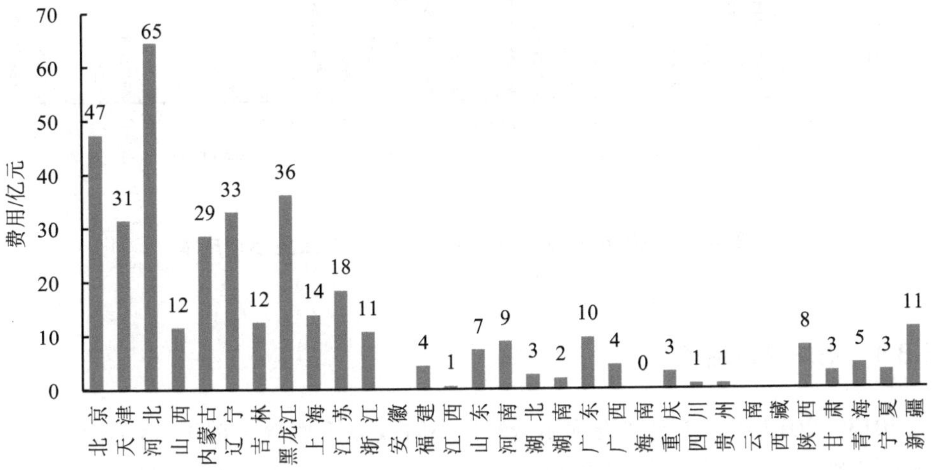

图 4-10 各省（区、市）建筑节能改造费用

4.3.3.3 工业大气污染治理

“大气十条”实施的 2014—2017 年，全国电力、钢铁、水泥、平板玻璃、有色金属冶炼等行业的大气污染治理的总投入为 6 572.69 亿元（图 4-11）。其中电力行业总投入最高，其新建脱硫、脱硝、除尘设施的投资及运行成本占总成本的 96.3%。分省（区、市）来看，山东电力行业治理投入最高，为 734.48 亿元，占全国的 11.6%；河北钢铁、平板玻璃行业治理投入最高，为 25.38 亿元和 3.96 亿元，分别占全国的 31.6%和 17.2%；安徽水泥行业治理投入最高，为 12.59 亿元，占全国的 8.9%。

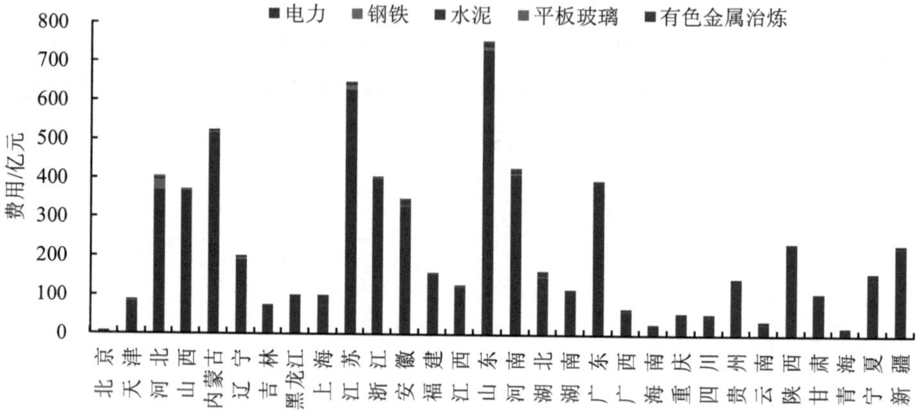

图 4-11　2014—2017 年各省（区、市）工业治理成本

4.3.3.4　锅炉改造治理

2013—2017 年，全国共淘汰 10 蒸吨/小时及以下燃煤小锅炉 38 万余台，通过煤改电、煤改气、清洁能源替代和热泵的方式，全国共改造 31 万蒸吨以上，总成本约 688.8 亿元（图 4-12）。

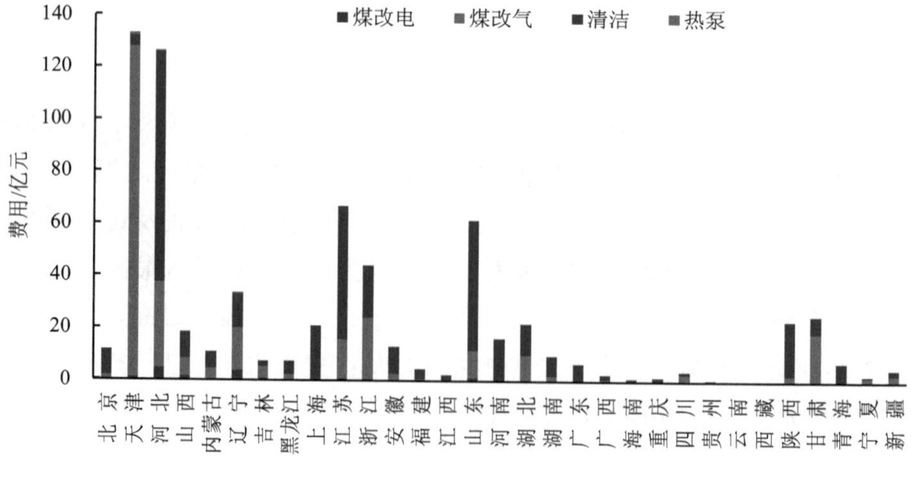

图 4-12　锅炉污染治理成本汇总

4.3.3.5 机动车治理

2013—2017 年，全国机动车污染治理措施成本共 1 899.36 亿元，其中黄标车、老旧车淘汰费用 1 695.88 亿元，新能源汽车推广费用 203.48 亿元（图 4-13）。

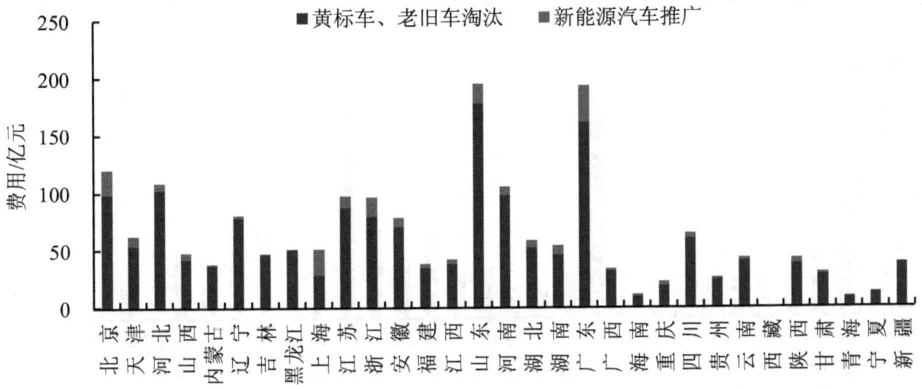

图 4-13 各省（区、市）机动车治理成本汇总

4.3.3.6 大气面源污染治理

2013—2017 年，全国大气面源治理费用约 746.87 亿元，其中扬尘治理费用约 522.84 亿元、厨房油烟治理费用 14.58 亿元、秸秆焚烧治理费用约 209.44 亿元（图 4-14）。

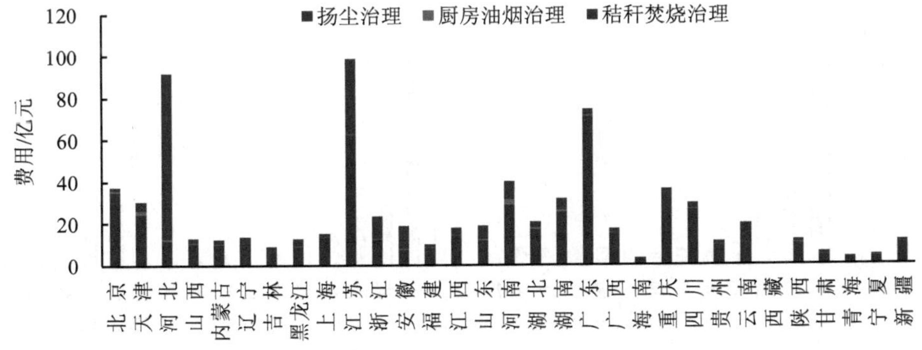

图 4-14 大气面源治理措施成本汇总

（1）扬尘治理

扬尘治理成本包括建筑扬尘、道路扬尘、渣土扬尘治理成本，全国共计 522.84 亿元，是大气面源中成本较高的一项。其中建筑扬尘治理成本约 400 亿元，道路扬尘治理约 120 亿元，渣土扬尘治理约 3 亿元。各省（区、市）扬尘治理成本最高的是广东省，其次是江苏省、北京市等。西藏、海南、青海等地成本较低（图 4-15）。

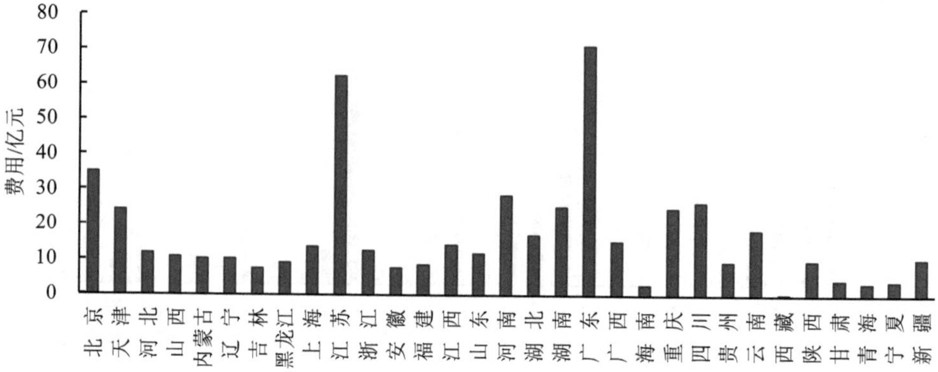

图 4-15 各省（区、市）扬尘治理费用

（2）厨房油烟治理

全国厨房油烟治理成本共计 14.58 亿元，是大气面源中成本较低的一项，仅占 2%。各省（区、市）扬尘治理成本最高的是河南省，约 2.93 亿元，其次是天津市，约 1.77 亿元，湖南省、北京市也较高，约 1 亿元。西藏、青海等地成本较低（图 4-16）。

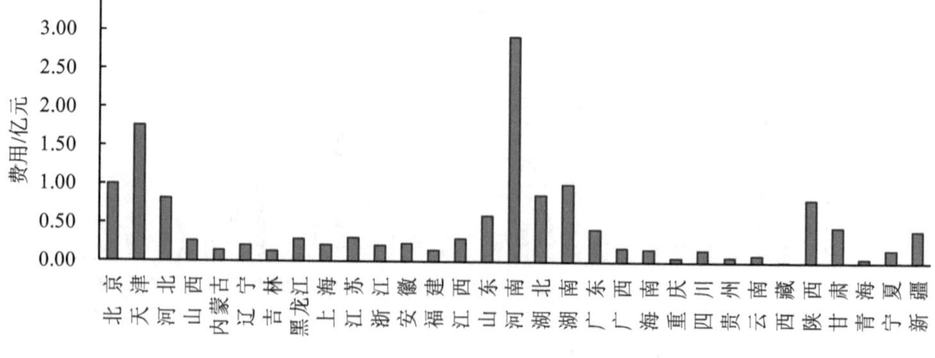

图 4-16 各省（区、市）厨房油烟治理费用

（3）秸秆焚烧治理

全国秸秆焚烧治理成本共计 209.44 亿元，高于厨房油烟治理，约为扬尘治理的 40%。各省（区、市）秸秆焚烧治理成本最高的是河北省，约 78.96 亿元，其次是江苏省，约 36.00 亿元，浙江省、安徽省、重庆市等较高。西藏、青海等省（区）成本较低（图 4-17）。

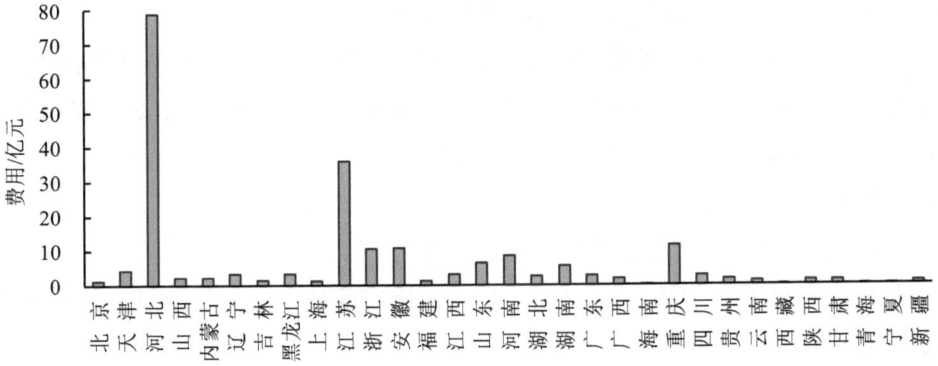

图 4-17 各省（区、市）秸秆焚烧治理费用

4.3.3.7 监管与科技能力

2003—2017 年，落实“大气十条”的大气污染防治应急能力建设、大气环境监测网格体系建设、执法监督体系建设（含环保督查、巡查）、科技研发（大气专项、总理基金）等保障支出等共计 254.49 亿元（图 4-18）。

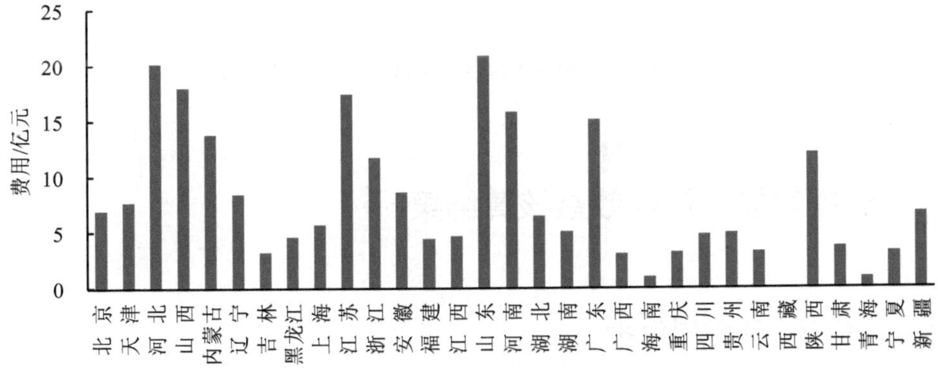

图 4-18 各省（区、市）监管与科技能力费用

4.3.3.8 每单位 $PM_{2.5}$ 浓度降低费用特征分析

（1）每单位 $PM_{2.5}$ 浓度降低费用总体情况分析

2013—2017 年，全国 $PM_{2.5}$ 年均浓度每降低 1 μg/m³ 需要花费 1 256 亿元。从重点区域来看，京津冀及周边省份 $PM_{2.5}$ 年均浓度每降低 1 μg/m³ 的费用为 201 亿元，长三角区域为 79 亿元、珠三角区域为 72 亿元。

从省（区、市）情况来看，陕西和宁夏两省（区）2017 年比 2013 年的 $PM_{2.5}$ 浓度还高，所以每降低 1 μg/m³ 的费用出现了负数。江西 $PM_{2.5}$ 年均浓度每降低 1 μg/m³ 的费用为 321 亿元，主要是 $PM_{2.5}$ 浓度下降幅度很小（仅有 1 μg/m³），低于全国 $PM_{2.5}$ 浓度平均降低值（13 μg/m³）。

（2）单位 $PM_{2.5}$ 浓度降低费用五年趋势分析

从 2013—2017 年趋势来看，$PM_{2.5}$ 年均浓度每降低 1 μg/m³，费用降低没有明显趋势（图 4-19）。

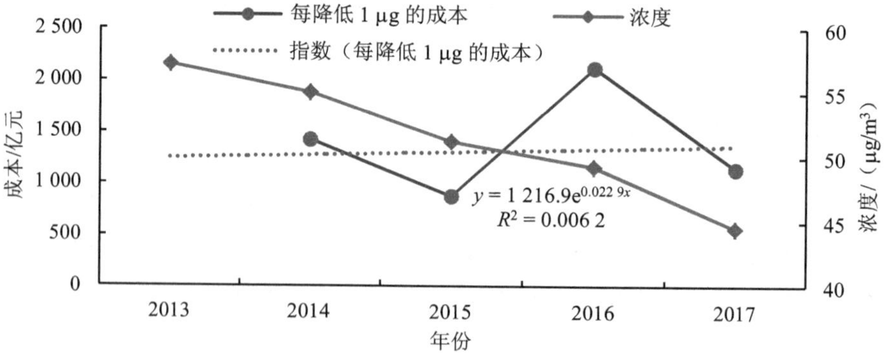

图 4-19 全国单位 $PM_{2.5}$ 浓度降低费用年度特征

4.4 健康效益及其他效益核算结果

4.4.1 健康效益核算结果

2013—2017 年，我国大气污染导致的过早死亡人数共计 208.5 万人，“大气十条”实施后减少的过早死亡人数为 8.3 万人，减少的过早死亡人数占全部过早死亡人数的 4%。超住院人数合计 790.6 万人，减少的超住院人数为 176 万人，占比为 22.3%。按照人力资本法计算的健康效益为 1 809.5 亿元，按照支付意愿法计算的健康效益为 24 691.4 亿元（图 4-20）。

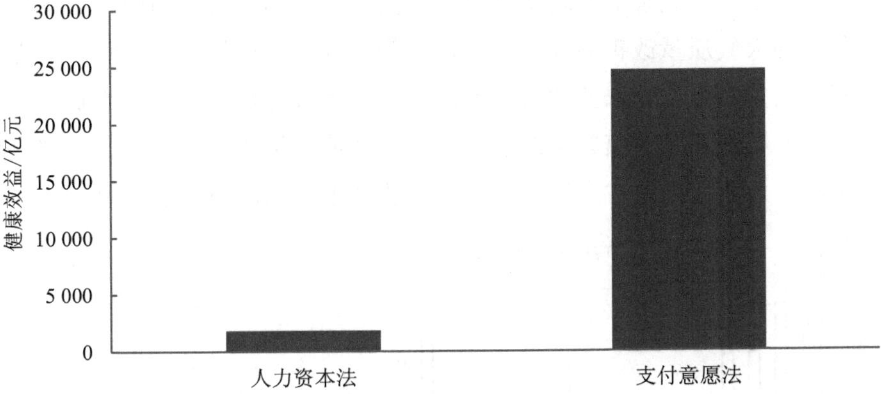

图 4-20 不同计算方法的健康效益比较

4.4.2 其他效益核算结果

大气环境质量改善除给人体健康带来效益外，对农作物、建筑材料、清洁费用方面也将带来益处。2013—2017 年，大气环境质量改善带来的其他效益为 436.4 亿元，其中农业减少的损失、建筑物减少的损失和清洁减少的损失分别为 156 亿元、172.8 亿元和 107.6 亿元。

4.4.3 全国各省（区、市）实施核算结果

按照人力资本法计算，2013—2017 年 31 个省（区、市）中广东、江苏大气环境质量改善效益较高，均在 300 亿元以上，山东、上海、河北、浙江、福建、天津大气环境质量改善效益均在 100 亿元以上，而内蒙古、宁夏、陕西和黑龙江的大气质量改善效益为负值，说明大气环境质量没有改善，环境退化加剧，其中内蒙古是农业损失效益减少造成大气环境质量改善为负值，陕西、宁夏和黑龙江则主要是健康效益减少造成大气环境质量改善为负值。从健康效益来看，广东、

江苏、山东、上海、浙江和河北的健康效益较高，均在 100 亿元以上，而山西、黑龙江、宁夏和陕西的健康效益为负值。

按照支付意愿法计算，2013—2017 年 31 个省（区、市）中广东、江苏、山东、河北和浙江大气环境质量改善效益较高，均在 2 000 亿元以上，上海、福建和四川大气环境质量改善效益均在 1 000 亿元以上，而宁夏、山西、内蒙古、黑龙江和陕西的大气质量改善效益为负值，说明大气环境质量没有改善，环境退化加剧。其中内蒙古主要是农业损失效益减少造成大气环境质量改善为负值，其他省（区、市）则主要是健康效益减少造成大气环境质量改善为负值。从健康效益来看，宁夏、山西、内蒙古、黑龙江和陕西的健康效益也为负值（图 4-21）。

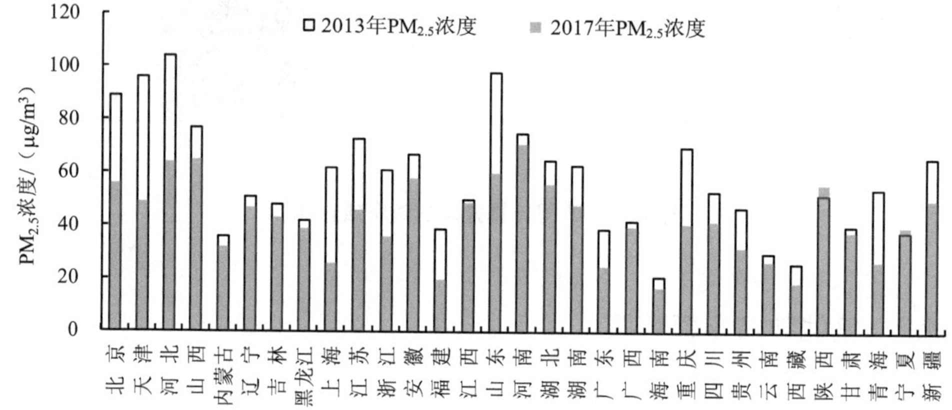

（a）大气环境质量改善情况

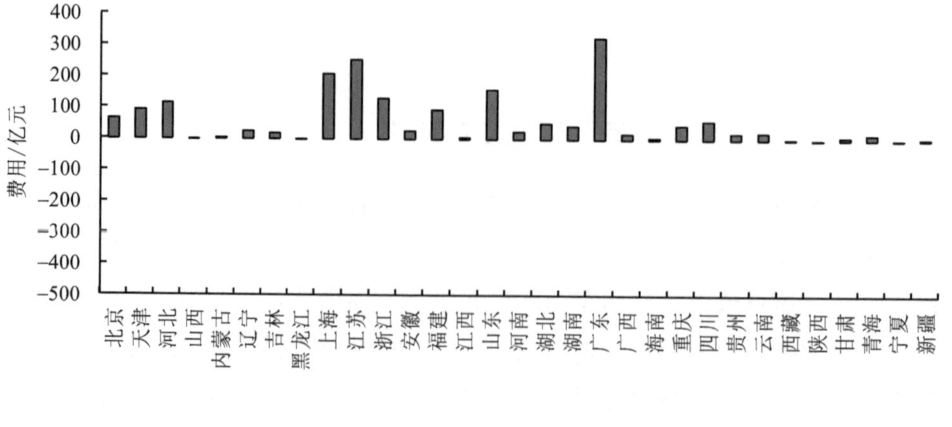

（b）健康效益情况（人力资本法）

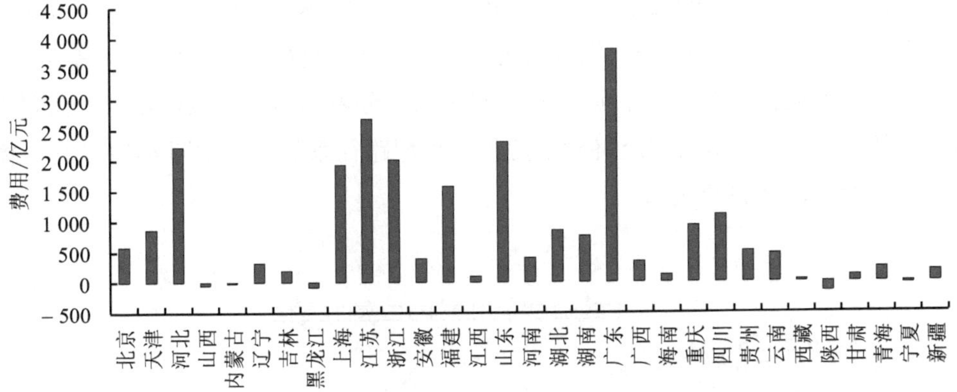

（c）健康效益情况（支付意愿法）

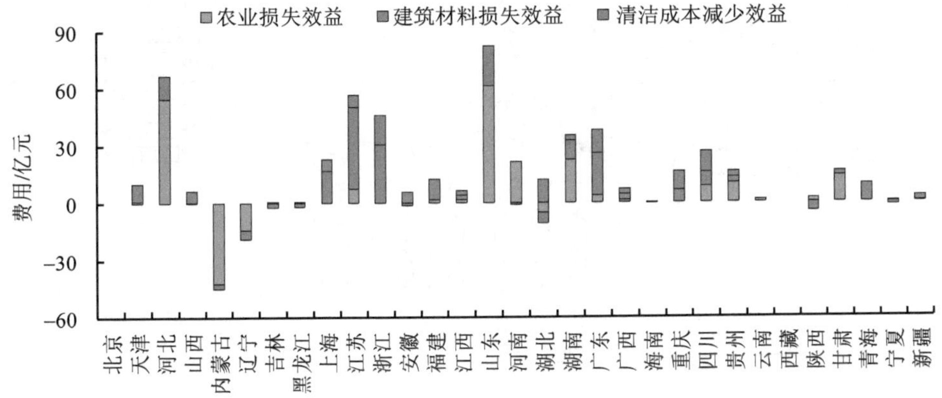

（d）其他效益情况

图 4-21 31 个省（区、市）“大气十条”实施五年期间空气质量改善及其带来的效益

4.5 群众幸福感效益估算结果

4.5.1 SEM 模型拟合优化结果

本研究中问卷填写完成率在 90%以上的有效问卷为 11 166 份，有效率高达 95.34%。项目分析结果显示各题目与总分在统计学水平上均显著相关，即本问卷无代表性差，可靠性差的冗余题目。KMO 和巴特利特球体检验结果显示，所有变量量表的 KMO 值均大于 0.6，也就是说问卷效度结构良好，无须进一步调整。各量表的 α 系数均在 0.70 以上，说明本问卷量表部分内部结构一致性较好。在完成问卷有效性验证后，本研究最终确定的优化模型路径系数拟合如图 4-22 所示，模型拟合优度为较理想的状态。

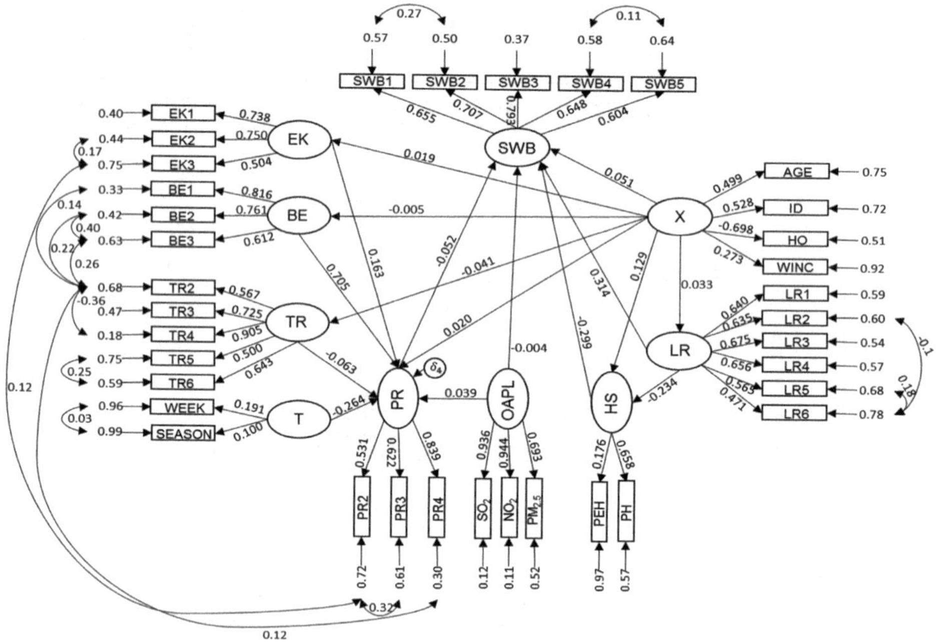

图 4-22　自述幸福感优化模型路径系数拟合

为更加直观地展示 $PM_{2.5}$ 浓度和收入两大外源变量对自述幸福感的总影响，本研究对于相关的影响路径及路径系数进行了梳理。结果显示，$PM_{2.5}$ 对自述幸福感无直接影响，只会通过公众风险感知的中介作用对自述幸福感产生间接的影响。总体来说，两周平均的 $PM_{2.5}$ 浓度对自述幸福感总影响的路径系数为 -2.923×10^{-3}，这表明 $PM_{2.5}$ 两周平均浓度每下降 1 μg/m^3 会导致自述幸福感上升 0.003 个单位。此外，两周平均家庭收入（WINC）对自述幸福感总影响的路径系数为 9.033×10^{-2}，这表明两周平均家庭收入每增加 1 个单位会带来 0.090 个单位的自述幸福感上升。在 $PM_{2.5}$ 两周平均浓度上升 1 μg/m^3 的情况下为保持个体自述幸福感不变需要分别用 0.032 4 个单位的收入增加来补偿。这意味着对于家庭月收入处于 500 元以下、500～2 000 元、2 000～5 000 元、5 000～10 000 元、10 000～20 000 元、20 000～30 000 元和 30 000 元以上的人群，$PM_{2.5}$ 年均浓度降低 1 μg/m^3 带来幸福感收益的价值分别为 97 元/户、388 元/户、874 元/户、1553 元/户、2912 元/户、3 883 元/户、5 824 元/户。

4.5.2 省际修正的幸福感估值结果

为估算没有收入分布数据的省份和年份的幸福感价值，本研究基于 2013 年 15 个省（区、市）全人群 $PM_{2.5}$ 年均浓度降低 1 μg/m^3 带来的人均幸福感收益的货币价值以及对应省份 2013 年的人均可支配收入数据构建了回归关系，拟合结果如图 4-23 所示。由图 4-23 可知，各省（区、市）全人群 $PM_{2.5}$ 年均浓度降低 1 μg/m^3 带来的人均幸福感收益的货币价值与其人均可支配收入水平之间存在较好的线性关系（R^2=0.94）；人均年可支配收入增加 100 元，则 $PM_{2.5}$ 年均浓度降低 1 μg/m^3 带来的人均幸福感收益的货币价值增加 1.32 元。

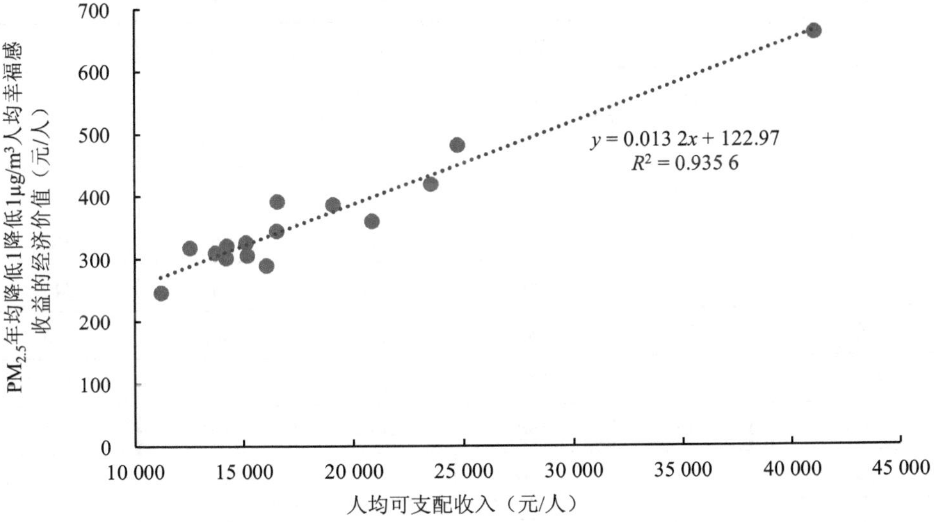

图 4-23　2013 年 15 个省（区、市）全人群 $PM_{2.5}$ 浓度降低 1 μg/m^3 的人均幸福感收益价值

结合线性关系和2013—2017年各省（区、市）城镇居民人均可支配收入数据[①]外推得到了2013—2017年全国31个省（区、市）全人群$PM_{2.5}$年均浓度降低1 μg/m^{3}带来的人均幸福感收益的货币价值，结果如表4-6所示。全国31个省（区、市）中上海和北京估值结果最高，2013年分别为711元/人和715元/人，2017年为879元/人和885元/人；甘肃和黑龙江估值结果最低，2013年分别为385元/人和398元/人，2017年为462元/人和463元/人。这意味着若$PM_{2.5}$年均浓度降低1 μg/m^3，我国居民每人每日幸福感收益价值为1.29～1.55元。

表4-6 2013—2017年各省（区、市）全人群$PM_{2.5}$浓度降低1 μg/m^{3}人均幸福感收益价值

省（区、市）	2013年	2014年	2015年	2016年	2017年
北京	711	764	821	879	879
天津	506	539	573	613	613
河北	416	442	468	496	496
山西	417	441	464	484	484
内蒙古	466	497	527	558	558
辽宁	475	507	534	557	557
吉林	405	429	452	473	473
黑龙江	398	421	442	463	463
上海	715	768	822	885	885
江苏	540	576	614	653	653
浙江	612	656	700	747	747
安徽	424	451	479	508	508
福建	495	529	562	598	598
江西	415	444	473	501	501
山东	478	509	539	572	572
河南	410	435	461	482	482
湖北	422	451	480	511	511

① 考虑数据可得性，假设2017年城镇居民人居可支配收入保持2016年水平不变。

省（区、市）	2013 年	2014 年	2015 年	2016 年	2017 年
湖南	444	474	504	536	536
广东	513	547	582	620	620
广西	422	449	472	497	497
海南	419	446	471	499	499
重庆	427	455	483	514	514
四川	416	443	469	497	497
贵州	394	421	447	476	476
云南	419	444	471	501	501
西藏	392	414	459	490	490
陕西	418	445	472	498	498
甘肃	385	411	437	462	462
青海	392	417	447	476	476
宁夏	406	430	455	481	481
新疆	401	429	470	499	499

4.5.3 $PM_{2.5}$归因幸福感收益总货币价值的时空特征

图 4-24 为全国 31 个省（区、市）2014—2017 年各个年份相较于前一年新增的 $PM_{2.5}$ 归因幸福感收益的货币价值。在全国多数省（区、市）$PM_{2.5}$ 污染波动改善的大背景下，2013—2017 年多数省（区、市）历年新增的 $PM_{2.5}$ 归因幸福感收益为正值，这表明多数省（区、市）在这五年都经历了 $PM_{2.5}$ 归因幸福感收益的上升；其中山东、河北、江苏为新增收益速度最快的省份。将各省（区、市）的新增量汇总后可以发现，虽然经历了 $PM_{2.5}$ 归因幸福感收益的波动损失，但是总体而言“大气十条”发挥了显著的成果，2014—2017 年我国新增幸福感收益为 39 556 亿元，占 4 年国民生产总值（GDP）之和的比例为 1.40%，由此可知，“大气十条”在提升居民幸福感方面取得了显著的成效。

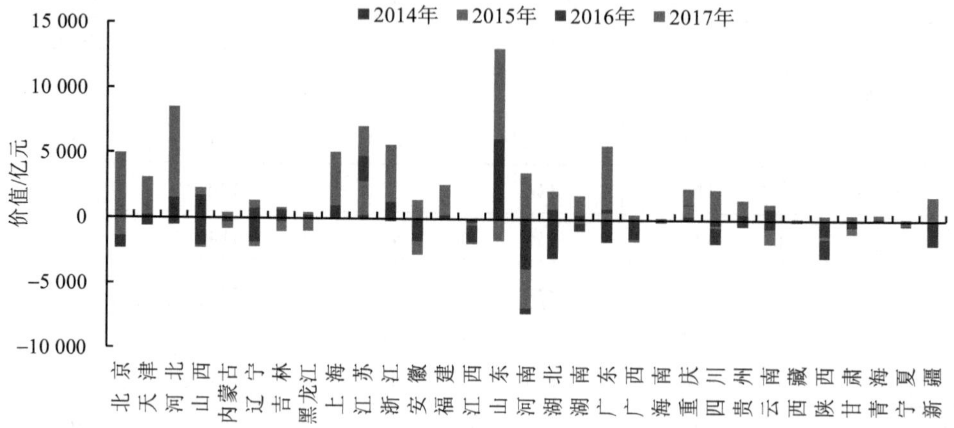

图 4-24　2014—2017 年各省（区、市）历年新增 $PM_{2.5}$ 归因幸福感收益的货币价值

4.6　经济社会影响分析结果

4.6.1　总核算结果

在同时考虑了“大气十条”实施的淘汰落后产能、压减过剩产能的负面影响和投资、消费带动经济增长的正面贡献的情况下，核算表明，2013—2017 年，“大气十条”实施对我国 GDP、税收、居民收入以及就业的五年累计净贡献分别为 5.5 万亿元、2 913 亿元、7 204 亿元和 358 万人（表 4-7）。

表 4-7　“大气十条”实施对宏观经济影响的净贡献

类型	GDP/亿元	税收/亿元	居民收入/亿元	就业/万人
淘汰落后产能的负面影响	−5 051	−825	−1 563	−14
投资与消费拉动正面贡献	59 892	3 738	8 767	372
净贡献	54 841	2 913	7 204	358

4.6.2 重点措施实施核算结果

4.6.2.1 淘汰和压减产能对经济影响

“大气十条”实施五年期间，电力、钢铁、水泥、玻璃和焦炭等行业淘汰和压减产能导致 GDP 减少 5 051 亿元，税收减少 825 亿元，居民收入减少 1 563 亿元，新增失业人口约 14 万人。其中钢铁行业的淘汰和压减产能对 GDP 影响最大，五年累计达到 2 551 亿元（表 4-8）。

表 4-8 五大行业淘汰和压减产能对宏观经济各项指标的负面影响

行业	淘汰和压减产能	GDP/亿元	税收/亿元	居民收入/亿元	就业/万人
电力	1 423（万 kW）	−1 687	−275	−502	−4.5
钢铁	53 234（万 t）	−2 551	−417	−872	−6.8
水泥	26 891（万 t）	−155	−25	−47	−0.4
玻璃	16 903（万重量箱）	−339	−55	−102	−0.9
焦炭	8 655（万 t）	−318	−52	−40	−0.9
合计	—	−5 051	−825	−1 563	−14

尽管淘汰和压减产能对宏观经济和税收、就业等产生负面影响，但对我国产业结构的调整和优化有积极促进作用。测算表明，假设其他行业保持不变的情况下，淘汰和压减产能，使炼焦、非金属、金属冶炼以及电力热力等 4 个高耗能重污染行业占全国经济 GDP 的比重分别较“大气十条”实施前下降了 0.01%、0.02%、0.11%、0.07%，合计为 0.21%。其中钢铁行业比重下降最为显著，为我国优化经济结构、实现转型升级、推动高质量发展作出了一定贡献。

4.6.2.2 大气治理相关投资和消费的经济贡献

“大气十条”实施需要全社会大气污染治理相关投资 1.1 万亿元，同时带动居民购买汽车、采暖锅炉等消费 3.7 万亿元。经测算，上述投资和消费拉动全国 GDP 五年累计增加约 5.98 万亿元，增加税收 3 738 亿元，居民收入增加 8 767 亿元，新增非农就业为 372 万人。从各项措施来看，淘汰黄标车及新能源车推广政策对我国宏观经济尤其是汽车制造产业影响最大，通过加快居民新车购置，五年累计拉动 GDP 增加了 4.2 万亿元，占所有新增 GDP 的 70%；其次是工业污染治理改造升级措施，直接带动环保设备制造产业新增产值 4 613 亿元，带动 GDP 增加 5 736.5 亿元，占新增 GDP 的 10%左右；最后是油品升级及配套改造，带动 GDP 增加 3 479 亿元（图 4-25、表 4-9）。

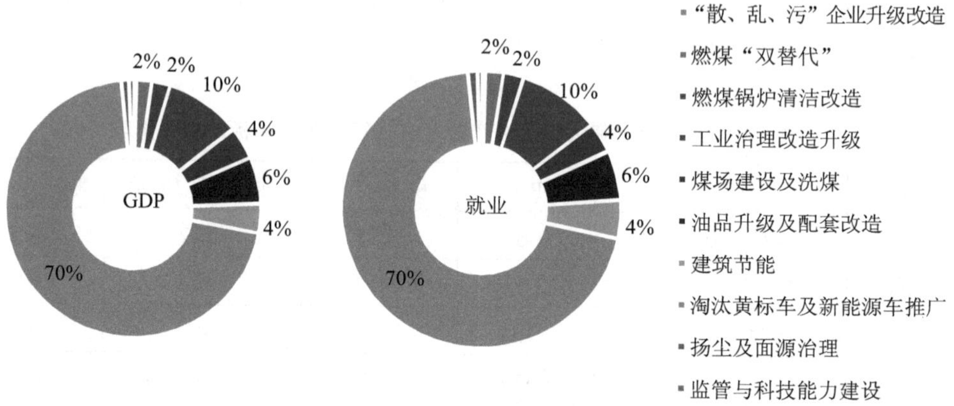

图 4-25 “大气十条”不同措施实施对 GDP 和就业的贡献占比

表 4-9 “大气十条”实施对宏观经济的贡献作用（五年累计）

治理措施	新增投资/亿元	新增消费/亿元	GDP/亿元	税收/亿元	居民收入/亿元	就业/万人
“散、乱、污”企业升级改造	123.2	—	153.2	9.4	22.4	1.0
燃煤“双替代”	—	956.1	1 192.6	71.5	176.5	7.9
燃煤锅炉清洁改造	1 148.0	—	1 425.1	86.4	206.0	8.8
工业治理改造升级	4 613.0	—	5 736.5	352.1	837.9	35.7
煤场建设及洗煤	1 979.4	—	2 496.1	212.4	473.0	13.4
油品升级及配套改造	840.0	1960	3 478.9	212.2	505.5	21.6
建筑节能	1 746.8	—	2 219.4	135.8	361.4	16.6

治理措施	新增投资/亿元	新增消费/亿元	GDP/亿元	税收/亿元	居民收入/亿元	就业/万人
扬尘及面源治理	485.4	—	608.0	37.0	92.3	4.0
淘汰黄标车及新能源车推广	—	34 038.5	42 202.5	2 601.2	6 026.3	260.5
监管与科技能力建设	300	—	379.8	20.4	65.9	2.3
合计	11 235.8	36 954.6	59 892	3 738	8 767	372

4.7 主要结论

对“大气十条”实施的成本进行了全面的评估，但相对而言，“大气十条”实施效益评估，由于时间和数据，评估范围比较有限。从评估结果看，2013—2017 年“大气十条”实施的总费用为 16 511 亿元；按照人力资本法计算死亡经济损失的大气环境质量改善效益为 1 810 亿元；按照支付意愿法计算死亡经济损失的大气环境质量改善效益为 24 691 亿元；“大气十条”在提升居民幸福感方面取得了显著的成效，2014—2017 年新增幸福感收益为 39 556 亿元。

如果同时考虑了“大气十条”淘汰落后产能、压减过剩产能的负面影响和环保投资、消费带动经济增长的正面贡献的情况下，“大气十条”实施的五年期间，累计对 GDP、税收、居民收入及就业的净贡献分别为 5.5 万亿元、2 913 亿元、7 204 亿元和 358 万人。

利用总效益（支付意愿）除以费用即得到“大气十条”的费效比。全国的效益除以费用的比为 1.49，即所产生的经济社会效益超过花费的费用 50%左右。从省（区、市）来看（西藏成本数据缺失严重，比值未考虑西藏），费效比最高的是福建为 5.52，其次是上海、重庆、青海、广东、四川，费效比均在 3 以上，即这些省（市）实施“大气十条”得到的效益是所花费成本的 3 倍以上，“大气十条”实施效果显著。费效比最低的是黑龙江，为–0.27，小于零的还有陕西、宁夏、山西、内蒙古，负数表示其花费的成本并没有带来环境的改善，空气质量反而恶化了（图 4-26）。

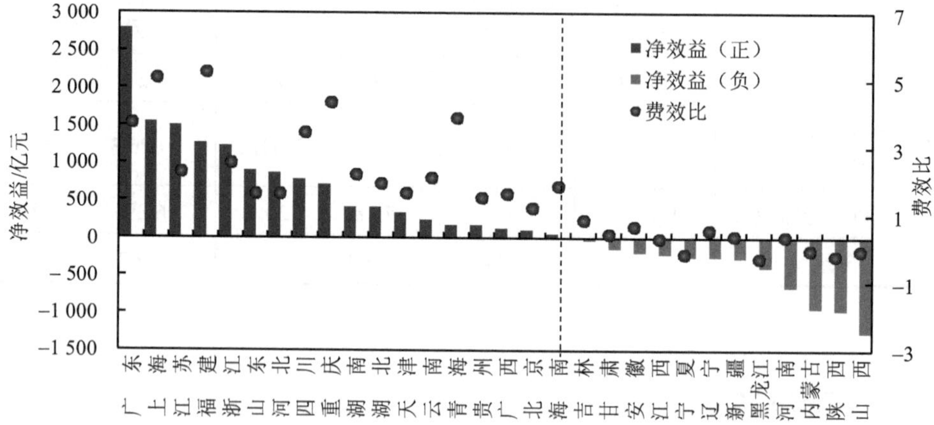

图 4-26 全国各省（区、市）“大气十条”实施五年期间净效益及费效比

经测算，“大气十条”实施全国 $PM_{2.5}$ 浓度每降低 1 μg/m^3 需要花费约 1 256 亿元。从年度变化趋势来看，2013—2017 年，$PM_{2.5}$ 浓度每降低 1 μg/m^3 的治理费用分别为 1 422 亿元、876 亿元、2 121 亿元、1 143 亿元。从重点区域来看，京津冀及周边省份 $PM_{2.5}$ 浓度每降低 1 μg/m^3 的费用为 201 亿元，长三角区域为 79 亿元，珠三角区域为 72 亿元。分省（区、市）情况来看，陕西和宁夏两省 2017 年比 2013 年的 $PM_{2.5}$ 浓度还高，所以每降低 1 μg/m^3 的费用出现了负数。江西 $PM_{2.5}$ 年均浓度每降低 1 μg/m^3 的费用为 321 亿元，主要是 $PM_{2.5}$ 浓度下降幅度很小（仅有 1 μg/m^3），低于全国 $PM_{2.5}$ 浓度平均降低值（13 μg/m^3）。

参考文献

陈晋阳，2018. 我国大气污染致居民健康经济损失研究进展 [J]. 南京医科大学学报（社会科学版），87（4）：282-286.

董战峰，王军锋，璩爱玉，等，2017. OECD 国家环境政策费用效益分析实践经验及启示 [J]. 环境保护，45（2）：25-30.

段雷，郝吉明，谢绍东，等，2002. 用稳态法确定中国土壤的硫沉降和氮沉降临界负荷 [J]. 环境科学，22（2）：7-12.

段雷，郝吉明，周中平，等，2002. 确定不同保证率下的中国酸沉降临界负荷 [J]. 环境科学，23（5）：25-28.

第一次全国污染源普查资料编纂委员会，2011. 污染源普查技术报告 [M]. 北京：中国环境科学出版社.

第一次全国污染源普查资料编纂委员会，2011. 污染源普查数据集 [M]. 北京：中国环境科学出版社.

国务院. 大气污染防治行动计划 [EB/OL].（2013-09-12） [2023-10-01]. http://zfs.mee.gov.cn/fg/gwyw/201309/t20130912_260045.htm.

国务院. 打赢蓝天保卫战三年行动计划 [EB/OL].（2018-07-03）[2023-10-01]. http://www.gov.cn/zhengce/content/2018-07/03/content_5303158.htm.

蒋洪强，程曦，刘年磊，等，2016. 环保标准实施的费用效益分析框架及对策建议 [J]. 环境保护，44（14）：25-30.

蒋洪强，程曦，周佳，等，2018. 环境政策的费用效益分析——理论方法与案例[M]. 北京：中国环境出版集团.

姜玲，汪峰，张伟等，2017. 基于贸易环境成本与经济收益权衡的省际大气污染治理投入公平研究——以泛京津冀区域为例[J]. 城市发展研究.（9）：72－80.

刘苗苗，2017. 中国城镇化与 $PM_{2.5}$ 健康效应的关联研究 [D]. 南京：南京大学.

刘泓汛，陈佳琪，李江龙，2019. 电厂排放改造和居民散煤替代的成本效益分析——以陕西省为例[J]. 厦门大学学报（哲学社会科学版），256（6）：107-121.

马国霞，周颖，吴春生，等，2019. 成渝地区《大气污染防治行动计划》实施的成本效益评估 [J]. 中国环境管理，11（6）：38-43.

彭菲，於方，马国霞，等，2018.“2+26”城市“散乱污”企业的社会经济效益和环境治理成本评估[J]. 环境科学研究，31（12）：13-19.

秦耀辰，谢志祥，李阳，2019. 大气污染对居民健康影响研究进展 [J]. 环境科学，40（3）：1512-1520.

任勇，2011. 环境政策的经济分析 [M]. 北京：中国环境科学出版社.

石敏俊，李元杰，张晓玲，等，2017. 基于环境承载力的京津冀雾霾治理政策效果评估[J]. 中国人口・资源与环境，27（9）：66-75.

环境保护部. 生物质燃烧源大气污染物排放清单编制技术指南（试行）[EB/OL].（2014-12-30）[2023-10-01]. http://www.mee.gov.cn/gkml/hbb/bgg/201501/t20150105_293130.htm.

武卫玲，薛文博，王艳丽，等，2019. 《大气污染防治行动计划》实施的环境健康效果评估[J]. 环境科学，40（7）：2961-2966.

薛文博，付飞，王金南，等，2014. 中国 $PM_{2.5}$ 跨区域传输特征数值模拟研究 [J]. 中国环境科学，34（6）：1361-1368.

薛英岚，张伟，刘宇，等，2022. 基于 Super-SBM 模型的《大气污染防治行动计划》省级环保投资绩效评估[J]. 城市发展研究，29（2）：20-26.

叶雪梅，郝吉明，段雷，等，2002. 应用动态模型确定酸沉降临界负荷的探讨 [J]. 环境科学，23（4）：18-23.

於方，王金南，2009. 中国环境经济核算技术指南 [M]. 北京：中国环境科学出版社.

张伟，2018. 中国贸易隐含大气污染转移与环境不公平研究[D]. 南京：南京大学.

刘泓汛，陈佳琪，李江龙，2019. 电厂排放改造和居民散煤替代的成本效益分析——以陕西省为例[J]. 厦门大学学报（哲学社会科学版），256（6）：107-121.

中华人民共和国生态环境部. 2017 年生态环境状况公报 [EB/OL].（2018-05-31） [2023-10-01]. http://www.mee.gov.cn/hjzl/zghjzkgb/lnzghjzkgb/201805/P020180531534645032372.pdf.

环境保护部. 京津冀及周边地区落实大气污染防治行动计划实施细则 [EB/OL].（2013-09-18）[2023-10-01]. http://www.mee.gov.cn/gkml/hbb/bwj/201309/W020130918412886411956.pdf.

Asian Development Bank，2012. Toward an environmentally sustainable future：Country environmental analysis of the People's Republic of China [R]. Manila：Asian Development Bank.

Brown D R，2001. Air quality measures and public health policy [J]. Public Health Reports，116（1）：61-63.

Burnett R，Chen H，Szyszkowicz M，et al.，2018. Global estimates of mortality associated with long-term exposure to outdoor fine particulate matter [J]. Proceedings of the National Academy of Sciences，115（38）：9592-9597.

Burch A M，2014. The use of cost-benefit analysis in China [J]. Dissertations & Theses - Gradworks.

Chen L，Shi M，Gao S，et al.，2016. Assessment of population exposure to $PM_{2.5}$ for mortality in China and its public health benefit based on BenMAP [J]. Environmental Pollution，221：311.

Costanza R，Kubiszewski I，Giovannini E，et al.，2014. Time to leave GDP behind [J]. Nature，505（7483）：283-285.

Dong H，2011. Atmospheric environmental quality and improvement measures in Xi'an，China [C]//International Symposium on Water Resource & Environmental Protection.

Dupuit J，1952. On the Measurement of the Utility of Public Works [M]. London：Macmillan.

Emissions of Atmospheric Compounds and Compilation of Ancillary Data（ECCAD）. Emissions of Atmospheric Compounds and Compilation of Ancillary Data [DB/OL].（2009） [2023-10-01]. http://www.geiacenter.org.

Feng Z W，Jin M H，Zhang F Z，et al.，2003. Effects of ground-level ozone（O_3） pollution on the yields of rice and winter wheat in the Yangtze River Delta [J]. Environmental Science，15（3）：360-362.

Fujii H，Managi S，Kaneko S，2013. Decomposition analysis of air pollution abatement in China：Empirical study for ten industrial sectors from 1998 to 2009 [J]. Journal of Cleaner Production，59（18）：22-31.

Gao J，Yuan Z，Liu X，et al.，2016. Improving air pollution control policy in China—A perspective based on cost-benefit analysis [J]. Science of the Total Environment，543（Pt A）：307-314.

Gauvin C，Uchida E，Rozelle S，et al.，2010. Cost-effectiveness of payments for ecosystem services with dual goals of environment and poverty alleviation [J]. Environmental Management，45（3）：488.

GBD MAPS Working Group，2016. Burden of disease attributable to coal-burning and other major sources of air pollution in China [R]. Boston：Health Effects Institute.

Hamilton K，1995. Sustainable development，the Hartwick rule and optimal growth [J]. Environmental & Resource Economics，5：393-411.

Hartwick J M，1990. Natural resources，national accounting and economic depreciation [J]. Journal of Public Economics，43（3）：291-304.

He K B，Huo H，Zhang Q，2011. Urban air pollution in China：Current status，characteristics，and progress [J]. Annual Review of Energy & Environment，27（1）：397-431.

Holst A M,2005. Flood Control Act of 1994 [M]// Water Encyclopedia., Hoboken, N.J.: John Wiley & Sons.

Hung N M，1993. Natural resources，national accounting，and economic depreciation：Stock effects [J]. Journal of Public Economics，51（3）：379-389.

Jing H，Pan X，Guo X，et al.，2018. Health impact of China's Air Pollution Prevention and Control Action Plan：An analysis of national air quality monitoring and mortality data [J]. Lancet Planetary Health，2（7）：e313–e323.

Kronbak L G，Vestergaard N，2013. Environmental cost-effectiveness analysis in intertemporal natural resource policy：Evaluation of selective fishing gear [J]. Journal of Environmental Management，131：270-279.

Liu G，Yang Z，Chen B，et al.，2016. Prevention and control policy analysis for energy-related regional pollution management in China [J]. Applied Energy，166：292-300.

Liu R，Zhang P，Wang X，et al.，2014. Cost-effectiveness and cost-benefit analysis of BMPs in controlling agricultural nonpoint source pollution in China based on the SWAT model [J]. Environmental Monitoring & Assessment，186（12）：9011-9022.

Liu Y，Liu T，Ye S，et al.，2017. Cost-benefit analysis for energy efficiency retrofit of existing buildings：A case study in China [J]. Journal of Cleaner Production，177：1-10.

Luo Z，Hu Z，Song Y，et al.，2013. Optimal coordination of plug-in electric vehicles in power grids with cost-benefit analysis—Part II：A case study in China [J]. IEEE Transactions on Power Systems，28（4）：3556-3565.

Miao C，Ji Z，Inoue Y，et al.，2018. Comparative analysis on the socioeconomic drivers of industrial air-pollutant emissions between Japan and China：Insights for the further-abatement period based on the LMDI method [J]. Journal of Cleaner Production，195：128-139.

Mills G, Buse A, Gimeno B, et al., 2007. A synthesis of AOT40-based response functions and critical levels of ozone for agricultural and horticultural crops [J]. Atmospheric Environment, 41(12): 2630-2643.

Multi-resolution Emission Inventory for China. Multi-resolution Emission Inventory for China [DB/OL]. [2023-10-01]. http://www.meicmodel.org.

Olsthoorn X, Amann M, Bartonova A, et al., 1999. Cost benefit analysis of European air quality targets for sulphur dioxide, nitrogen dioxide and fine and suspended particulate matter in cities [J]. Environmental & Resource Economics, 14(3): 333-351.

Ostro B, 2004. Outdoor air pollution: Assessing the environmental burden of disease at national and local levels [R]. Geneva: World Health Organization.

Orru K, Orru H, Maasikmets M, Hendrikson R, Ainsaar M. Well-being and environmental quality: Does pollution affect life satisfaction? Qual Life Res. 2016 Mar;25(3):699-705.

Pappin A J, Mesbah S M, Hakami A, et al., 2015. Response to comment on "Diminishing returns or compounding benefits of air pollution control? The case of NO_x and ozone" [J]. Environmental Science & Technology, 49(16): 9548-9556.

Ping J, Chen Y, Yong G, et al., 2013. Analysis of the co-benefits of climate change mitigation and air pollution reduction in China [J]. Journal of Cleaner Production, 58(1): 130-137.

Pope C A, Burnett R T, Thun M J, et al., 2002. Lung cancer, cardiopulmonary mortality, and long-term exposure to fine particulate air pollution [J]. JAMA, 287(9): 1132-1141.

Sáez C A, Requena J C, 2007. Reconciling sustainability and discounting in cost–benefit analysis: A methodological proposal [J]. Ecological Economics, 60(4): 712-725.

Stylianou M, Nicolich M J, 2009. Cumulative effects and threshold levels in air pollution mortality: Data analysis of nine large US cities using the NMMAPS dataset [J]. Environmental Pollution, 157: 2216-2223.

Tol R S J, 2000. Equitable cost-benefit analysis of climate change [J]. Ecological Economics, 36(1): 71–85.

United Nations, 1993. Handbook of national accounting: Integrated environment and economic accounting 1993 (SEEA 1993) [M]. New York: United Nations: 67-88.

United Nations, 2012. System of environmental-economic accounting 2012: Central framework [M]. New York: United Nations: 1-8.

U.S. EPA，2010. Guidelines for Preparing Economic Analyses [R]. Washington：U.S. Environmental Protection Agency.

U.S. EPA，2011. Final Plan for Periodic Retrospective Reviews of Existing Regulations [R]. Washington：U.S. Environmental Protection Agency.

Wang X J，Zhang W，Li Y，et al.，2006. Air quality improvement estimation and assessment using contingent valuation method，a case study in Beijing [J]. Environmental Monitoring & Assessment，120（1-3）：153-162.

Wang X P，Mauzerall D L，2004. Characterizing distributions of surface ozone and its impact on grain production in China，Japan and South Korea：1990 and 2020 [J]. Atmospheric Environment，38（26）：4383-4402.

Wei W，Peng L，Wang H，et al. ，2017. Quantifying the effects of air pollution control policies：A case of Shanxi province in China [J]. Atmospheric Pollution Research，8（6）：1163-1170.

Yang C，Peng C Y，2000. Integrating local，regional and global assessment in China's air pollution control policy [R]. SSRN Electronic Journal.

Zhang J，Jiang H Q，Zhang W，et al.，2019. Cost-benefit analysis of China's Action Plan for Air Pollution Prevention and Control[J]. Frontiers of Engineering Management，6（4）：524-537.

Zhang W，Liu Y，Feng K H，et al.，2018. Revealing Environmental Inequality Hidden in China's Inter-Regional Trade[J]. Environmental Science & Technology，52（13）：7171-7181.

Zheng J，Ping J，Wen Q，et al.，2016. Analysis of air pollution reduction and climate change mitigation in the industry sector of Yangtze River Delta in China [J]. Journal of Cleaner Production，114（1）：314-322.

Zhu T，2017. Air pollution in China：Scientific challenges and policy implications [J]. National Science Review，4（6）：800-800.